How To
反內捲

告別內捲時代的矛盾競爭

亞洲八大名師首席 **王晴天** & 暢銷書作家 **吳宥忠**◎合著

The Revolution
of Anti-involution

國家圖書館出版品預行編目資料

How to 反內捲 / 王晴天, 吳宥忠合著. -- 初版. --
新北市：創見文化出版, 采舍國際有限公司發行,
2023.1 面；公分--

ISBN 978-986-271-948-0（平裝）

1.CST: 職場成功法　2.CST: 競爭

494.35　　　　　　　　　　　　111015257

How to 反內捲

 創見文化 · 智慧的銳眼

作者／王晴天, 吳宥忠

出版者／ 魔法講盟 · 創見文化

總顧問／王寶玲

總編輯／歐綾纖

主編／蔡靜怡

文字編輯／ Emma

美術設計／ May

郵撥帳號／ 50017206 采舍國際有限公司（郵撥購買，請另付一成郵資）

台灣出版中心／新北市中和區中山路 2 段 366 巷 10 號 10 樓

電話／（02）2248-7896　　　　　　傳真／（02）2248-7758

ISBN ／ 978-986-271-948-0

出版日期／ 2023 年

全球華文市場總代理／采舍國際有限公司

地址／新北市中和區中山路 2 段 366 巷 10 號 3 樓

電話／（02）8245-8786　　　　　　傳真／（02）8245-8718

本書採減碳印製流程，碳足跡追蹤，並使用優質中性紙（Acid & Alkali Free）通過綠色碳中和印刷認證，最符環保要求。

Magic　https://www.silkbook.com/magic/

你若盛開，蝴蝶自來

　　幾張清華大學學生用功讀書的照片開始在網絡上流傳，「內捲」引發的討論由此開始。照片中，有人騎在自行車上抱著筆記型電腦寫論文，有人邊騎車邊看書，有人騎車吃麵，「清華捲王」一詞由此誕生，中國最高學府的競爭之激烈引發許多年輕人的共鳴。

　　年輕人不斷感受到競爭的壓力，如果不努力、不競爭就會落後、淘汰、出局……但他們一直在同一個水平上，像一個陀螺被敲打，卻沒有突破。

　　中國大陸有一青年畢業後不久，和朋友在上海一間大學附近開了家麻辣串串，但市場的飽和與競爭的激烈超出他的預期，想要賺錢已經不像父母一輩人那麼容易，大品牌和外賣平台幾乎掌握了整個市場，他的小店進入市場已經太晚。

　　他們最終選擇關店，在他看來，自己的經歷與許多同齡人在不同領域面臨的困境一樣，是「社會內捲化」的一種表現，大家考慮的不是怎麼真正去提高質量，而是相互消耗，結果大家都是輸家。

　　每年年末日本漢字能力檢定協會照慣例會在京都清水寺公布年度漢字，2021 年適逢東京奧運的舉辦和反應人們對於未來的期許，「金」字第四度被選上。美國也有網站進行相關的活動，選出來的是反應通貨膨脹壓力的「漲」。而海峽兩岸年度漢字的評選，票選出來的是則是獲得一百多萬票的「難」。

　　但用一個字來濃縮一年，實在太難，就筆者認為，去年跟今年最突出的關鍵字應該是：內捲和反內捲。想像一下自己被困在電梯裡，只能爭取往上、往

下，卻不能走出電梯的窘境，也就是內捲。電梯裡面如果還有幾隻狼蒙混其中的話，那真的會彼此傷害互咬，最後無法走出電梯。至於選擇躺平的人，就是不參加討論到底要往上或往下的人；而中國常說的考研、考公務員，其實也只是換一台電梯，不保證你可以走進大樓或是走出大樓，走向廣闊天地。

你要破除內捲的迷思，就得理解「內」和「外」的差別。經濟學家熊彼得曾在 1932 年寫過一篇短文來討論，怎麼區分增長（Growth）和發展（Development）的不同：「創新是『生產過程中內生的、革命性的變化』，創新意味著『毀滅和自我更新』。」因此，真正的創新，必須能夠「創造出新的價值」。

內捲並不可怕，可怕的是大家都搶著站起來看電影，卻沒有人試圖做出改變，提出創新的構想，或許你可以拿出 VR 設備，打造一個全新的「影院」，讓原先站著的一群人得以悠悠哉哉地坐下來一起看品質更好、體驗感更讚的虛擬實境電影，不爭不搶、從容不迫地開拓新市場。

千萬不要讓「內捲」成為自己墮落與躺平的藉口，何必在乎他人的評價，你若盛開，蝴蝶自來。為何不從另一方面考慮內捲，樹立正確的內捲觀念，無視身邊人們的閒言碎語，為自己的人生反內捲，學習是自己的，未來也是自己的。如人飲水，冷暖自知，明確好自己的目標，向著正確的方向不斷前進，沿途經歷的都是過客，只有自己才是主角，未來什麼樣，是靠自己奮鬥出來的！

亞洲八大名師首席

王晴天

今天你「捲」了嗎?

這兩年「內捲」一詞不論是台灣、中國,甚至全世界,都是非常流行的名詞。聽聞在網路公司裡,同事之間提到加班時都這樣講:「今天你內捲了嗎?」「是的,又是內捲的一天。」在搜尋指數中,與「內捲」一詞關聯最高的搜索詞句,更是「內捲是什麼意思?」

「內捲」一詞從 2020 年 4 月底異軍突起,絕不僅僅是由於詞語含義的本身,「內捲」背後所代表的時代情緒,比本身的意義更重要。

人類各方各面的發展都已從「增量時代」朝向「存量時代」,也就是從「無到有」朝向「有到優」的年代,例如手機在增量時代只管大量、快速的製造,銷售策略不要太差,大多可以銷售的很好,因為手機當時屬於增量時代,但現今人人手上至少都會有兩支手機,所以手機時代不再是無到有的增量,而是手機質量的提升,也就是「存量時代」,但是市場份額是固定的,無論怎麼優化都會碰到天花板,於是演變為大家一起「捲」,而捲的結果就是付出更多的成本,如開發、行銷、材料,但收益比卻沒有增加反而下降,致使不斷檢討、再投入更多的成本增加獨家的功能,在銷售管道、廣告、代言上更是下重金,一步步落入內捲漩渦中卻渾然不知。

所有的問題解決最先都是由覺察開始,知道了問題才有辦法對症下藥,所以覺察乃是反內捲的第一步:發現自己身陷內捲漩渦。現在不論是個人還是公司,一旦落入了內捲旋渦中,只會每天用盡全部的精力來對抗內捲,根本沒有時間好好思考自己該如何面對。

但此時此刻，我得恭喜你！因為你會拿起此書翻閱，願意花短暫時間閱讀書中內容，代表你已經覺察到這個問題的嚴重，也就是你已經發覺自己正陷入、或可能陷入內捲漩渦之中，再來你就要提出方法和步驟來反內捲。而本書將針對這個部份提出深入的建議，並明確指出如何逃離內捲旋渦，並為創造獨角人生提供方法以及步驟。

其實內捲並不可怕，可怕的是你正陷於內捲漩渦中卻渾然不知，在市場上我們常常看到哪個產品好，就一股腦地大量生產那個產品，結果造成供過於求，一堆商品積在倉庫賣不掉。最明顯的例子就是台灣的蔬果，每每夏季颱風侵襲，高麗菜的價格非常昂貴，在市場氛圍之下菜農紛紛投入種植高麗菜，結果造成高麗菜價格內捲式下跌，柚子、檸檬、西瓜等蔬果也都有類似的情況。

上述情況有另一個名詞叫做紅海市場，內捲幾乎等同於紅海市場的概念，但只要懂得運用趨勢或是發展個人特質，並遠離競爭激烈的紅海市場，邁向優質的藍海市場，最後創造屬於你自己的黑海市場，在黑海市場裡，規則將是由你訂定，內捲自然就捲不到你了。

暢銷書作家

吳宥忠

Part 1 內捲 Involution

Part 2 反內捲 *Anti-involution*

內捲
Involution

The Revolution of
Anti-involution

你也內捲，行於學堂路上嗎？

近年，「內捲」這個詞掀起一股旋風，引發許多年輕人的共鳴，網路上流傳著幾張北京清華大學學生邊騎腳踏車邊用筆電寫論文；邊騎腳踏車邊認真研讀課本；邊騎腳踏車邊吃麵的照片，也因而讓中國最高學府的莘莘學子被戲稱為「清華捲王」。

內捲，陀螺式的死循環

「內捲」（Involution）最早由美國人類學家亞歷山大・戈登威澤（Alexander Goldenweiser）使用，首次以內捲化這個概念來分析一些僵化、衰敗的文化模式和社會結構。1936 年一篇研究原始文化的論文中，戈登威澤從藝術角度，最早提到「內捲化」這個詞，用來形容某種文化達到最終形態後，既無法自我穩定，也無法轉變為新的形態，那怎麼辦呢？就只能讓內部更加複雜化。

比如毛利人的裝飾藝術，可能只是幾種花紋模式重複運用，沒有更多的創造力和多樣性，但每一種設計卻是非常複雜精細的，通俗地說便是將低水準複雜化，一眼看去

左圖為毛利人圖騰刺青；右圖為歌德式教堂內部。

覺得很震撼，感覺花了很多功夫，每個小地方都精雕細琢，但看來看去就只有那麼幾個樣式，所以除毛利人的藝術外，戈登威澤也把哥德式建築藝術視為一種「內捲」。

你可以將內捲視為進化（Evolution）的反義詞，是一種對內演化現象，且不管是在自然界還是文明社會，都可能產生內捲現象。

在自然界，唯有同一生態棲位的物種水火不容，內捲、零和競爭才會發生，這樣的爭鬥就是所謂的內捲，若物種存於不同的生態棲位，就不會有激烈的競爭。筆者以非洲草原上的獅子和牛羚為例，在自然法則下獅子捕食牛羚，但獅子的捕食行為並不會造成牛羚群落的數量大幅縮減，這便是因為捕食者和被捕食者處於不同的生態棲位，牠們彼此是依附關係，假設牛羚滅絕，那獅子也會滅絕，因而不存在內捲。

而在文明社會的內捲，是指文化模式到達某型態後，既沒有辦法穩定下來，又無法躍升至新的型態，所以只能在原地打轉，無法創新形成內耗，最後變得平庸。以「清華捲王」這個現象來說，依照中國大陸的人口比例推算，請問全中國有多少名大學生？其中名列前茅的菁英又有多少？有太多大學生具有相同的觀念和目標，遠超出該群體所能承載的容量，導致內部零和博弈和內捲漩渦的產生。

筆者也有查到科普資料指出內捲的另一個起源說法，一般貝殼是圓錐體，尖端向外旋轉伸出，但有一種貝殼不會向外生長，反而是往內蜷曲，裡面的構造越來越捲，從外觀上完全看不出來其內部彎彎繞繞的構造。

而美國人類學家克利弗德‧紀爾茲（Clifford Geertz）在《農業的內捲化：印度尼西亞生態變遷的過程》中，借用戈登威澤的內捲化概念，來研究爪哇的水稻農業，思考為什麼農耕社會長期沒有較大的突破。

農耕經濟越發精細，你可能會想說若在每（土地）單位上投入的人力越多，產出也會相對提高，可實際上增加人力所提高的產出，其實只夠該人

力本身的消費，也就是說你多付出的成本會跟收益相抵消，因而形成一種平衡狀態。

紀爾茲讓內捲化概念在人類學界與社會學界廣為知曉，成為一種描述社會文化發展遲緩現象的專屬概念，尤其是描述亞洲農業社會長期精耕細作投入大量勞動力，卻沒有實現經濟突破的問題。

從這個例子中可以看出來，人多地少並不意味著「內捲」，而是過程中變相地精耕細作才是「內捲」，紀爾茲把它形容為「一種過份欣賞性的發展」。但「內捲」這個詞，在被翻譯為中文的時候，意思卻被改變了。

1985 年，中國歷史學家黃宗智在其著作中提到「內捲」這個詞，他說中國的小農經濟勞動力過多，土地又有限，形成一個「過密化增長」，甚至是出現邊際生產率遞減的情況，投入到土地中的人越多，平均每個人就會越窮。也就是說，「內捲」被加進了內耗的意思。

而隨著「內捲」這個詞逐步進入公眾視野，和原先的社會學內涵相比，含義已經有了很大變化，現在在網上看到的「內捲」，大多都是用來形容某個領域的過度競爭，造成相互之間的傾軋、內耗，尤其是透過壓榨自己，來獲得微小的優勢。

比如一般企業的上班時間為八小時工作制，但總有些人會自願加班，以此得到主管的賞識，讓主管認為加班的員工是優秀員工，於是其他感到壓力的員工也開始自願加班，久而久之加班就成了常態，但實際替公司帶來的效益又有多少呢？對此可能要打上一個大大的問號。

原先用來形容農業社會的內捲現象，現今似乎已經滲透到各行各業，很多人都是一邊拼命加班，一邊吐槽工作環境「太捲」。北大孫立平教授曾說：「你看，農民他們種田跟種花一樣。」精耕細作這四個字，是對亞洲農業很好的概括，耕作時大家對每個細節越發關注，可是到最後產量跟你投入的精細度可能不成比例，甚至有可能是零增長。因此，如果你到一個荒野上開墾荒地，到粗放地耕種，你的產出和投入的比例其實反而更高。

　　後來又有學者黃宗智研究長江一帶農業經濟的發展，他把內捲的概念引到了對亞洲農業經濟史的分析，與馬克・艾文斯（Mark Elvins）所提出的「高水準陷阱論」不謀而合。內捲化這個社會議題，有諸多專家學者探討，而各自表達的意思不大相同。

　　英國著名學者馬克・艾文斯專門研究亞洲經濟史，從亞洲地區人、地失衡導致需求不足的角度出發，進而提出「高水準陷阱論」。他認為亞洲在工業革命前之所以興盛繁榮，主要是因為有著良好的市場制度，包括土地市場、勞動力市場和產品市場制度及私有產權……等等，使得技術能較快被發明且傳播。

　　之後受華人傳宗接代等傳統觀念因素的影響，人口迅速增長，但總土地面積卻是不變的，快速膨脹的人口致使人均土地減少，導致經濟盈餘越來越少，當新技術出現時，沒有足夠的剩餘去購買新技術或專利，導致眾人對新機器設備的需求不足，因而不鼓勵創造發明。

　　另一方面，勞動力的價格越來越低，即便有新技術出現，也不會考慮購買這項新技術，不以設備來替代勞動力，於是出現了對技術需求的不足。例如，宋朝發明很多紡織機器，但到明朝卻不再使用了。

　　換言之，亞洲地區其實很早以前就在農業技術、行政管理，還有社會組織、人力動員方面達到極高的水平，但技術達到顛峰後卻不再有任何突破，所以生活和生產方式沒有變化。開墾了所有能開墾的土地，現有的土地不可能一再增長，持續增長的只會是人口數，才因此演變為精耕細作，形成內捲。

但這樣的情形，在歐美地區卻有截然不同的發展。以農業為例，扁擔在歐美地區基本上是不存在的，當地的農家幾乎找不到扁擔這項工具，但在亞洲地區，扁擔可說是家家必備的維生工具，這是為什麼？

因為歐美地區所有粗重的事務都會交由動物來做，從不會想說靠人力來完成所有工作，後來蒸汽機被發明出來，粗活又全交由機器解決，生產與製造方式逐漸轉為機械化，以機器取代人力、畜力，一切自動化操作，也因而造就了歐洲的工業革命。

印度裔美國學者杜贊奇（Prasenjit Duara）則是把內捲概念轉化到行政和政治上。清朝末年的新政要加強國家控制，建設各式各樣的官僚機構，但國家基層的行政能力並沒有增強，所以對地方社會的服務沒有增強，而這就是國家建設中的內捲。國家內捲化會導致什麼後果？若國家有過多的官吏，就不得不從人民那汲取更多稅金來養他們，最後導致農村社會的解體和革命，因為攫取越來越多，但是沒有回饋。

綜合整理各學者對於內捲化的看法，從紀爾茲、黃宗智、馬克‧艾文斯等人的觀點來看，內捲有一個很重要的意思是「缺乏經濟意義上的競爭」。在人類、社會學裡，內捲主要是在解釋為什麼現行的社會沒有出現突破，沒有從「量」的累積，變成「質」的突破，沒有從農耕社會轉為一個資本主義工商經濟。

而這跟現今網上廣泛討論的內捲意含大相逕庭，現在大家講的內捲主要是指「競爭白熱化」，內捲這個詞還是很直觀的，反映了很多人關心的社會問題，就筆者的看法，內捲應該是在生存機會最大化下，所衍生出來的現象。

筆者讀過一篇論文《母職的經紀人化》，探討著媽媽這個角色逐漸變成孩子的經紀人，

形成一種父母的內捲，簡言之就是媽媽在孩子身上越做越多。仔細想想，現在家庭對於孩子的教養模式還果真如此！

　　現今社會，媽媽可以做的事情真的是無窮無盡，越做越多、越做越雜、越做越細，比如筆者曾在電視上看到某女藝人分享自己的育兒經，該藝人在孩子身上花了很多心思，將孩子每天的活動排得密密麻麻，游泳、才藝、珠心算樣樣來；照護上也相當用心，光是護膚乳液，臉上擦的跟身上抹的就不一樣，而身體抹的跟屁股擦的又完全不一樣，精細到令人咋舌。

　　試問這種內捲有意義嗎？且以內捲來形容一名家長對孩子的過度關注是否恰當？現在的社會大多覺得內捲為貶義詞，是一種對社會病態發展的不苟同。那又要如何明確界定內捲這個詞，或是什麼情況下不可以使用這個詞呢？

　　其實每個時期突然誕生的新詞彙，都是根據當時的社會現象所產生，然後專家們會分析為何會有這個狀況產生，協助社會去界定這個「新詞」的意含究竟為何，跟過去的歷史用詞又有何不同。

　　內捲大概可以總結出兩點解釋。一是投入不斷增加，但在無限增加投入下，卻沒有得到相對應的反饋；第二點則是前述的延伸，陷入一個死胡同狀態，不斷增加但又不知道何時能終結，更不知道這麼做的意義為何，能帶來什麼產能，可是又無法恣意停下來。

　　且這個胡同是你自己打造的無限迴圈，還是封閉的，也就是說一個人若陷入內捲，那就是步入一個死循環，在迴圈內不斷消耗精力，卻不會有任何提升，套一句中國常說的就是「高度耗能的死胡同」。

　　那為何筆者前段舉例的那位女藝人會如此？這要歸咎於群體壓力。因為現在的家長對於育兒相當講究，其他家長都這麼做，所以新手媽媽在聽取他們的育兒經後，也會認為自己也應該這麼做，甚至要做得更好才

行，這時就會產生一種有意或無意識的競爭和攀比。

你當然也可以把《母職的經紀人化》視為一種內捲，但若將這跟傳統意義上的內捲比較，就完全是不同層次的討論。早期農工業時期所討論的內捲，主要在探討為何會形成一個高水準陷阱？一代重複一代，自十七世紀後就沒有競爭，社會大眾只在乎如何餬口溫飽，增加產能。

但現今的比拼存在於封閉式的陷阱之中，你不斷重複著每天都要做的工作，但在每天重複的事情中，又不斷發現對孩子好的營養品、護膚品、才藝班……等等，在 FB 媽媽社群、LINE 代購群組中看到其他家長們分享的東西，別人用的都是最新的產品、最好的課程，如果自己沒有同等做到，心中就感到焦慮。而且孩子會不斷長大，未來比較的東西只會越來越多！

現在能分清楚早期跟現在內捲化之間的差異了嗎？早期的內捲指得是重複性的投入，沒有競爭，是社會結構性的問題；現今的內捲則是陀螺式的死循環，不斷抽打自己，卻仍在原點上不斷空轉。且在早期的農業社會，我們勞累的只有身體，但現在卻是身心都疲憊，讓人只想好好「躺平」，什麼煩心事都不用想。

內捲不是演化而是革命

近幾年來，內捲一詞在中國微博社群廣為討論，微博上與內捲有關的各類話題瀏覽量累計已突破十億，更成為中國年度「十大流行語」之一。內捲這詞時常被大眾掛在嘴邊，但卻鮮少有人去探究這詞的來龍去脈為何，也是挺奇妙的，大家的熱議到底是盲從，還是真心認為社會結構正病態式發展呢？值得省思。

網路上有位名叫丘小海的朋友發了一篇〈社會內捲化的根源〉，筆者看了

覺得蠻有意思的，文中指出所有無實質意義的消耗都可稱為內捲。現有許多低水準重複的工作，貌似精益求精，大家按部就班、埋頭苦幹，樂此不疲，但都只曉得在有限的範圍施展，不懂得向外擴張。丘小海將內捲解釋分為七個方面。

- ◎ 無意義的精益求精是內捲。
- ◎ 將簡單問題複雜化是內捲。
- ◎ 與預期目標嚴重偏離的工作是內捲。
- ◎ 為了免責，被動的應付工作是內捲。
- ◎ 創造力侷限於內部競爭是制度性內捲。
- ◎ 在同一問題上進行反覆的研究是內捲。
- ◎ 低水準的模仿和複製是典型的內捲。

丘小海也從社會的制度和文化這兩大層面來剖析探討，他分析得相當透徹，我給予認同，但他將內捲對應為一種演化（Evolution），我認為是有疑慮的，這就要從內捲這詞誕生始末說起。

內捲（Involution）這詞無疑是外來用詞，以圍繞中心的原點從外向內旋轉，其對應的應該是外捲（Revolution），從中心原點由內向外旋轉。但無論是內捲還是外捲，若真要溯源，其實最早是從數學和天文學理論提出的，科學家以內外捲來描述天體演化和自然界發展的規律，即事物圍繞中心原點從外向內旋轉至極限後，就會轉為由內向外旋轉。

後來社會學家發現天體的演化和自然界發展規律，同樣適用於解釋人類社會的發展。所以之後人類學家亞歷山大·戈登威澤首次使用

內捲化這個概念來分析一些僵化、衰敗的文化模式和社會結構，當社會內捲到極限後，就會從像天體運行般，從根本上倒轉外捲，也就是歷史上常說的爆發革命，筆者想這就是所謂的物極必反吧，之後才又有紀爾茲和黃宗智提出農業內捲的討論。

但他們並沒有追根溯源去探討「內捲化」的原始含意，更沒有結合「內捲」的對應詞「外捲」，去探討其社會學及歷史學上的意義，僅是將「內捲化」一詞運用於分析農村土地兼併後出現的現象，即愈來愈多的小農必須身兼半自耕農（佃農）和傭工的雙重角色，精耕細作投入大量勞動力，卻沒有實現經濟突破。好比水流中的漩渦，向前的推進力都被轉化成做原地打轉的運動，隨著運動的圈幅縮小，向前的推動力最終停滯、消失於漩渦之中。

這些觀點就好比一群社會達爾文主義者將進化論硬是套入社會歷史學之中，這樣的解釋自然會受到侷限，且無法確實解決該現象，這是因為缺乏統合馬克思主義的唯物論，因而無法理解物極必反的道理，若過度內捲只會加快外捲的發生，更甚便是引發革命問題。

雖說農業社會下的內捲主因是投入過剩，並未存在競爭問題，但其實有文獻指出，三〇年代中國農業社會爆發嚴重的惡性競爭問題，土地兼併及人力過剩，使得越來越多農民失去土地，最後淪為雇農或流民。於是地主以更低廉的工資聘請這些雇農及流民來幫他耕作，而雇農和流民為了生存，只能被迫接受不斷調降的工資待遇，形成惡性的內捲現象。

也如同前面提到的，過度內捲的狀態下，會逐漸轉為外捲，這也是為什麼中國三〇年代有許多雇農跟流民紛紛加入工農革命軍（紅軍），參與革命、棄農從軍。

且對於外捲、革命的應用其實還比內捲要早得多，梁啟超曾於

1902 年在《新民叢報》上發表〈釋革〉一文。梁啟超在文中寫到：「Revolution 者，若轉輪然，從根柢處掀翻之，而別造一新世界，如法國 1789 年之 Revolution 是也，日本人譯之革命。」

「革命」這個詞最早是由日本人翻譯過來的，其實當時梁啟超認為這個翻譯並不準確，但由於約定俗成的原因，也就難於更改了，梁啟超當年流亡至日本，便將它介紹至中國知識界。

這就是內捲和外捲的來龍去脈，至於「演化」（Evolution）這一概念，則是由嚴複翻譯的《天演論》，才有系統地介紹到亞洲地區，並非內捲化的對應詞。

 高度同質化的競爭

「內捲」在中國被熱議的程度，絕非你可以小覷，從清華捲王開始，現在不管是外送員、小資族還是大企業主管，甚至是筆者前面提及的母職經紀人化，種種都反應著現在的社會型態實在太捲了。

很多時候大家比較的能力跟工作內容可能一點關係都沒有，僅單純想證明自己比別人強，形成一種為了競爭而競爭的局面，雖然眾人都在討論、諷刺這種內捲化現象，卻又讓自己陷入這內捲漩渦之中，著實無奈。

在現今這資本主義的世代，大夥兒一邊拼命加班，又一邊在網上吐槽，中國常說的 996 工作型態其實也同樣存於台灣職場。筆者看到一則新聞報導，有名網友在社群平台 Dcard 上發文，表示自己是名業務，依循著「996 工作制」上班，意即早上九點上班、晚上九點下班，每周工作六天。他形容每天的時間彷彿都被榨乾，薪資好像也不高，故詢問網友：「996 的工作型態，大家覺得

領多少錢才合理？」引發熱烈討論。

該名網友表示他的工作是名長期駐點業務，薪資四萬多，基本上什麼都要做，沒有客人的話一樣要在公司待命，就連唯一一天周日休假，若公司辦活動還是得支援，覺得自己的時間彷彿被榨乾。其實，大眾早已體認到現在的社會結構，所以才會試圖想像出一種替代性的生活方式。

站在中國職場的角度來看，內捲其實可以算是對資本主義的批判，企業家馬雲尤其推崇 996 工作模式，曾公開說發表言論：「我個人認為，能夠 996 是一種巨大的福氣，很多公司、很多人想 996 都沒有機會。如果你年輕的時候不996，你什麼時候可以 996 ？」但馬雲這個言論受到一眾勞工的抨擊，勞工們明顯「消受不起」這個「福報」。

筆者個人認為資本主義這詞涵蓋得有點太廣泛了，且不夠精確。資本主義最早起源於歐洲地區，而現在資本主義發展較好的地區在德國，但是這些西方國家卻不像亞洲地區出現如此嚴重的內捲化現象。

所以可以試著省思內捲背後的意含究竟顯現出什麼問題？內捲反應的可能是現今市場高度同質化競爭，而這競爭漸漸演變成我們的生活導向，成為社會的基本組織方式以及資源配置的方式。

但其實很多競爭跟市場性是扯不上邊的，比如教育，嚴格來說它並不具市場性，我們從小到大的考試機制，都是由教育部和學校所規範、設定，但現在卻被模擬成市場競爭，要學生參與承受，對於過度敏感的學生，提到考試他可能就會變得焦慮，形成一股壓力，時時告誡自己一定要用功讀書，把考試考好，過於鑽牛角尖反倒陷入內捲漩渦。

所以社會為何內捲？因為高度同質

化，現在的人只曉得看著同一目標前進，甚至可說是唯一的目標，殺個頭破血流、爭個你死我活，還不允許你單獨下車。大家現在對生活其實是有恐懼的，就是說你怎麼就這樣退出競爭了，這樣怎麼行？

且現在的人所面臨的壓力是不僅要你往上走，更不允許你往下走。曾有位學員向筆者分享，他畢業於知名大學，但畢業後選擇去麥當勞應徵，面試主管看到他履歷表上最高學歷那欄，第一句話就問：「你父母知道你來應徵嗎？你有考慮過他們是怎麼想的？」

這句話的殺傷力蠻大的，這不只是在說你大學都白唸、學費都白交了，還牽涉到自尊與道德更深一層的問題，好像說著你自己把社會階級往下走了，但這完全是自己的選擇，為何是由他人站在道德的至高點上來評價你呢？這就好比多年前郭台銘斥責政大博士生宋耿郎跑去賣雞排是在「浪費教育資源」。

這位博士生宋耿郎很擅長讀書、成績優異，從小被父母捧在手掌心，以前國小唸資優班、國中唸資優班、高中讀建中，考大學跌了一跤，沒考上台大，讀政大法律系，但卻跌破眾人眼鏡，政大畢業選擇賣雞排。

高度同質化的社會，大家要爭奪同樣的東西，不僅高度單一，價值評價的角度也會單一，競爭方式更是高度單一，所以形成內捲，而社會競爭裡有幾點值得注意。

博士雞排宋耿郎

我們可以將原始社會分成兩個部門，分別為聲望和生存。筆者所謂的生存部門指的是打獵耕種，在這個部門的人通常不太競爭，大多是互相合作，求眾人溫飽為主。但社會不可能不存在競爭關係，那什麼情況下會形成競爭關係？通常都是關乎到名利的時候，所以講究聲望、追求名利的人彼此就會互相競爭。

北美洲原住民有一傳統贈禮儀式為「散財宴（Potlatch）」。宴會上，東

道主會贈送財物給與會貴賓，甚至毀壞財物，來展現其財富及權威。他們這種對聲望的競爭模式，跟再分配直接連繫在一起，透過把財富重新分給大家，最後達到平衡。

譬如每個人的狩獵能力有高低，若你能打到一隻山豬，大家就會認可你，讚揚你的勇敢和打獵技巧，你也因此獲得名望，肉則是平均分配。但在時代的演變下，我們既要生存又要有名望，當初這樣的分化沒有了，通通都要透過競爭。

人類學家項飆在其著作《把自己作為方法》中談到，富有的人想要更富，且不再有重分配的願望。而每個階層都有自己的焦慮，底層的人希望能透過教育讓階層提升；中產階級想著再加把勁就可以成為菁英，這樣孩子就可以去常春藤名校就讀，甚至是研讀金融，未來在華爾街上班；原先就處於菁英階級的人更不想下來了，直接讓孩子接受菁英教育，他們固有的人脈跟資源，能妥善展現出自己的身份和品味，也沒有想再分配的意願。這樣延伸出一種狀況，每個人都很著急，無論是哪個階層感覺都很害怕，底層希望改變命運，但中高層除了想更好外，也不想掉下來。

因此，筆者認為會有內捲化現象，是因為不斷競爭、向上爬，卻無法達到最基本的期望，那究竟是為了什麼競爭呢？所以，橫向的分化相對來得重要。德國很強調學徒制度，學徒是當地非常重要的一個就業方式。以理髮師為職志的人來說，很早就會去一間理髮店當學徒，視理髮為事業，相當看重這項技術，不像亞洲人傳統觀念會覺得不會讀書的人才會去學做美髮，也從此不會出席任何同學會，因為這份工作讓他覺得上不了檯面。

好，再拉回分化來。對那些已開發國家來說，為什麼百姓的生活相對安定呢？生活安定並不代表生活沒有希望，而是把希望和努力重新分配。就好比你看到自身的特長、自己的興趣，然後有很不同的方法去

達成，而其他人也是如此，各自在不同的管道達成自己的成就。

這樣的社會型態不是說努力沒有用，或是不再需要努力，而是大夥兒的努力方向很明確，知道自己追求的是什麼，而不是受到環境的影響，為了競爭而競爭。現在的社會，不管是台灣還是中國，放眼望至亞洲地區，內捲化現象都相當嚴重，明明知道末班車已經開走了，卻仍死命地追，不願意或是沒想過可以另外開出一條新的道路。

內捲不僅僅是說競爭激烈不激烈的問題，而是一群人在莫名地競爭，且競爭者心裡可能都明白最後無法獲得什麼收穫，但大家還是會選擇爭個你死我活，因為退出的話，身上蒙受的道德壓力可能讓你喘不過氣，下面筆者再討論一下退出競爭。

對於退出競爭這件事所揹負的壓力，最甚地區非中國莫屬，但其實台灣也不遑相讓，傳統且根深蒂固的觀念仍深深衝擊著年輕世代。就好比前文提及的那位學員，他頂著高學歷光環，卻選擇至麥當勞投履歷、應徵工作，還被面試主考官問：「你父母知道你來應徵嗎？你有考慮過他們是怎麼想的？」

彷彿直接在那位應試者臉上狠狠打了一巴掌，假如你放棄高學歷要往較低的階層走，退出競爭過自己的生活，你就得面對眾人的眼光及壓力。但麥當勞真的不好嗎？它可是世界上最大的速食食物連鎖集團，也是在紐約證交所上市的跨國公司，卻被世俗的眼光看低，筆者認為這是相當詭異的事情。

現今這個世代，會認為整個社會所謂的發達，都是靠這種白熱化競爭維繫起來的，如果你悄然離開、退出競爭，是不被允許的，會有很多指責。

有一篇文章〈績點為王，中國頂尖高校年輕人的囚徒困境〉在網上受到中國學子的關注，文中說像是清華、北京大學這樣的頂尖學府，裡面的學生被歸

類為中國最聰明的年輕人，他們也同樣流於競爭之中，同伴之間彼此 PK，然後爭得精疲力竭。

在原先的教育理論中，教育最首要的目的便是要讓孩子們認識自己，但現在的社會教育轉為賦予改變命運，用教育來讓階層提升，這個想法也因此固化，變成一種慣性思維。漸漸地，學生因內捲而迷茫，老師也因為找不到真心唸書的學生而苦惱。

這樣績點為王將會逐漸擴展開來，之後可能不只前幾名的學校有這樣的情形，一般大專院校可能也有這種情況發生，且不侷限於中國，台灣同樣有這樣的隱性問題，前幾名校台、清、交、成、政大等學府的競爭同樣激烈，所以台灣一樣面臨著隱性的內捲問題。

內捲化的形成通常來自過度競爭、互相傾軋，這和螃蟹效應類似，把很多隻螃蟹放在竹簍裡面，不可能有任何一隻爬出來，因為螃蟹會互相拉扯，把彼此拉下來。所以內捲會限制創造力、降低整體效率、削弱對外競爭力。

內捲的特色是經常把簡單的問題複雜化，大量做無用功，白白浪費許多資源，而且創造無休止的對立，最後形成整個社會的自我糾纏、內縮與停滯。內捲一詞之所以盛行，是因為它反映中產階級的焦慮，讓很多年輕人想放棄。

你可能會覺得亞洲地區的內捲問題屬中國最為嚴重，但其實你我身處的台灣也有相當的內捲問題，好比近年的疫苗之亂，就是典型例子。台灣也很多地方都嚴重內捲，教育首當其衝，大學不計其數，多少優秀人才投入這個領域，領取微薄的薪資，教出來的學生卻和產業脫節，以致聯發科董事長投書媒體，呼籲社會重視科技人才培育。另一例子是醫療，台灣有優秀的人才，在健保制度下承受十倍於國外同行的壓力，但資源無法有效利用，當疫情來襲時，整個醫療體系面臨崩潰的危機。

台灣的制度性內捲，過度管制形成隱形負面力量，限制創新的可能。這也是為何即便台灣資金與人才充沛，仍缺乏獨角獸，一流新創紛紛至海外上市。台灣人素養極高，但媒體卻是惡性競爭典型代表，從網路到電視媒體，無數資源陷入口水戰，真正有價值的內容很少。大陸專制的情況下內捲可以理解，但台灣環境自由民主卻仍不斷內捲，令人感慨！

如何才能擺脫內捲？往外走是一條路，但不是保證，有許多台商向外奔走，但走出創新格局者寥寥可數，關鍵還是要有戰略思維，能洞察趨勢，如果只在戰術、戰技細節上作文章，和周邊對手競爭，絕不可能逃脫內捲漩渦，假如過於內捲，大家也會覺得多一事不如少一事，乾脆躺平，變成一種惡性循環！

台灣正在歷史的十字路口，我們應避免技術進步、社會卻退步；少數人進步、大部份人原地踏步；雖然努力求進步、但競爭力卻退步！

內捲 vs. 躺平

　　近年中國最紅的兩大關鍵字搜尋非「內捲」、「躺平」莫屬，中國年輕人選擇躺平的心境，對於台灣來說應該不陌生。「躺平主義」在網路世界盛行後，似乎也蔓延到現實生活，年輕人認為社會階級固化，即便不躺平也會被弄到「躺下」。

　　「躺平」體現的是「我不想努力了，反正薪水太少、物價提升、房價太貴、未來無望，不如就躺平吧」，是一種對現實困境的無言抗議。部份年輕人認為自己再怎麼努力也不會獲得回饋，更無法改變社會，不如隨波逐流、放棄崇高的人生目標，每天做自己，開心追求小確幸才是王道。

 ## 內捲一代，躺平一族

　　在內捲旋風的狂掃下，出現另一相對應的詞「躺平」。前面有提及內捲代表的是不停地努力、不斷競爭，沒有盡頭，好比清華學霸連在通勤間也不忘讀書、打報告，甚至是吃泡麵，若指導教授要求學生繳交 3,000 字的報告，就會有人寫到 5,000 字，且僅僅只是不想輸，所以變成每個學生大家一起捲，報告字數越堆越高。

　　而這些捲王同樣存在於職場上，一間公司總會有最晚下班的那名員工，其他正常下班的人被迫也得跟著捲，先下班被歸類於工作表現不佳，深怕 KPI 被主管打低了，這樣影響到的便可能是生計問題。

　　這種極度高壓的內捲式生活，讓人喘不過氣，在同一個點上打轉，也形成一種內耗，所以又默默有一種「想放棄」的聲音浮現，躺平主義橫空出現，主張自己不想捲、不想競爭了，唯一想做的事情就是原地躺下，好好享受生活。

　　「躺平主義」，這個由中國網友產出且昇華的辭彙，本無權威解釋，大抵是指一種無欲無求、無為而治、不思進取、得過且過的心態，不過，倘若仔細琢磨「躺平」二字，會發現其實和之前流行的「宅」、「佛系」等有著異曲同工之妙，且皆在網路世界廣為流行。

　　認真來說，「躺平」意味著混日子、只圖清閒，或許不少人會認為躺平是「弱者」的無奈之舉，但事實上恰恰相反，躺平情緒多發生在受過高等教育、有發展潛力的年輕人身上。

　　以「躺平主義」的邏輯來大致總結，中國年輕人出現下列特徵：

- 🎯 **不淪為資本家賺錢的機器。**
- 🎯 **工作不追求加薪、升遷。**
- 🎯 **不買房、不消費、維持低欲望生活。**
- 🎯 **不談戀愛、不結婚、不生小孩。**

　　中國的躺平主義受到官媒的撻伐，嚴正譴責躺平代表著不負責任、失敗主義，躺平主義的論調已讓中國官媒開啟宣戰，宣稱：「躺平，勤者不甘，勇者不屑，智者不法，強者不為」，此思潮被官媒批評為「精神上的鴉片」，此番無限上綱讓社會輿論想起十九世紀中葉時，鴉片戰爭帶給中國的屈辱，如今甚

至連國粹主義者也強烈批判「躺平」。

當官媒開始圍剿「躺平」之後，亦有不少網友聲援「躺平主義」，引用《論語‧為政》中的「學而不思則罔」，稱聰明的人應該把大多數時間、精力，集中在最重要的少數事情上；至於如何找到最重要的少數事情，除了不斷嘗試，還要多加思考——奉行躺平主義的人，就有了更多時間可以思考，究竟什麼才是人生中最重要的事情，倘若明白這點，就可能只花少數時間精力，即達到更好的成效，意即「你雖然忙，但我奉行躺平主義對社會貢獻更大」，如果真的做到這點，躺平就有可能變成「躺贏」。

那躺平是「困境」中被迫的選擇嗎？似乎也不是，躺平現象往往在經濟高增長、生活高品質的國家和地區中產生，讓一些年輕人滿足於當下的「小確幸」，計算著奮鬥的 CP 值，因而認為躺平不可恥，反而是一種不爭不搶的新生活態度，以不變應萬變的智慧，以不卑不亢的姿態存活於世。

至於躺平後能否活得更實在，還是活得更頹廢？關鍵在於個人怎麼想，而個人的想法與環境等綜合因素息息相關。躺平之後不用頂天立地，可以看看天、看看地，看看目前還有多少自己能站立的空間。

如今內捲在中國已和「競爭白熱化」緊密連結，筆者覺得可以思考的是，真的非要一起內捲才能過活，又非得躺平才能好好過日子？一定要內捲才能出頭嗎？

早期哲學家伊曼努爾‧康德（Immanuel Kant）用「Involution」與「Evolution」作為演化的對比，Involution 的前綴詞「In-」代表向內，Evolution 的前綴詞「E-」則是向外，凸顯演化可以向內追求，也可以向外追求。

只是 Involution 與 Evolution 翻譯為中文時，被加上正面、負面意含，於是 Involution 變成退化，也就是現在所謂的內捲，若捲到極致則變成革命，前

面有討論過；而 Evolution 變成進化，代表變得更好。

　　陷入「內捲」之後的社會，階級固化趨勢更為明顯，對個人而言，是種無聲無息、不知不覺的虛度；對社會或機構而言，大量人力默默地做「無用之功」，白白浪費資源，降低整體效率，削弱對外的競爭力。例如：中國擁有無數的博士、教授，但中國的科技創新、競爭力卻與之不相稱，這或多或少與教育體制和科研體制的「內捲」設計有關。

　　《進化式運營》一書作者說：「中國式的內捲，簡單說就是一種活動，參與了獲得的不多，但不參與就肯定出局。」就像考大學，考生們所有的生活都繞著考試科目轉，任何脫離綱領的想法都沒意義。

　　因此，學生得到的只是考試能力，而不是知識，但知識才能用於生活上。我們可能會笑中國正在內捲，殊不知其實台灣早就有步入「內捲」的跡象，且可能更為嚴重，例如清潔隊、郵局招人，應徵門檻只要高中學歷即可，但卻來了大學學歷，甚至碩、博士。值得慶幸的是，現在有些台灣年輕人不再被考試、就業捲進去，決定返鄉創業或是追求自我等，試圖走出自己的路，但我們仍不能因此大意，因為內捲漩渦始終存在著，且那些透過吃大餐、購物等方式獲得「小確幸」的人，其實也傳達著一種對生活無奈且相對消極的人生觀。

　　2021 年，中國的社群論壇上發布一篇貼文〈躺平即是正義〉，寫著：「兩年多沒有工作了，都在玩，也不覺得有哪裡不對，因為壓力的起因主要都來自周遭的人互相比較，要不斷尋找自己的定位，更要滿足長輩親友的傳統觀念……這些會無時無刻在身邊出現，每次新聞熱搜也都是哪個明星戀愛、懷孕之類的『生活周邊』，這就像某些『看不見的生物』製造一種思維強壓在你身上，但人大可不必如此。我可以像第歐根尼一樣（古希臘哲學家，住在一個木桶裡，所有財產只有一

躺平即是正义

好心的旅行家 ● VIP
04-17　　　　　　　　　　　关注

两年多没有工作了，都在玩 没觉得哪里不对，压力主要来自身边人互相对比后寻找的定位和长辈的传统观念，它们会无时无刻在你身边出现，你每次看见的新闻热搜也都是明星恋爱、怀孕之类的"生育周边"，就像某些"看不见的生物"在制造一种思维强压给你，人大可不必如此。我可以像第欧根尼只睡在自己的木桶里晒太阳，也可以像赫拉克利特住在山洞里思考"逻各斯"，既然这片土地从没真实存在高举人主体性的思潮，那我可以自己制造给自己，躺平就是我的智者运动，只有躺平，人才是万物的尺度。

只木桶、一件斗篷、一根棍子和一個麵粉袋）在自己的木桶裡曬太陽，也可以像赫拉克利特一樣住在山洞裡思考『邏各斯』。既然這片土地上沒真實存在高舉人主體性的思潮，那我可以替自己創造，躺平就是我的智者運動，只有躺平，人才是萬物的尺度。」

此篇文章發布後獲得熱烈討論，並對「躺平主義」下了一個總結：「不買房、不買車、不結婚、不生小孩、不消費」。

其實針對內捲和躺平現象，你會發現內捲跟躺平其實是代代皆如此，面對無止盡的競爭而內捲，消極派自然會浮現出來，也就是所謂的躺平一族。諸如日本的不婚主義、歐美地區的尼特族和歸巢族，以及台灣的小確幸，這些其實都算是某種程度上的躺平。

如果以交往為例，有的人認為，與其花大把心力和時間在女生身上，最後可能還會面臨分手、療傷，傷心傷神又耗時，很難靠努力改變，加上每個人價值觀都不一樣，有的女生嫌男友沒車沒房，而男生也只喜歡打遊戲、出去玩，滿足於現況，這種「躺平」現象越來越多。網上也有人進一步將「躺平族」分成四種。

◎ 全躺平，賴在家不工作，領政府補助或靠父母當啃老族，然後每天上網抱怨。

◎ 半躺平，工作認真但不考慮找對象，平時在家玩遊戲……等，自己開心就好。

◎ 微躺平，以投資賺錢，能力足以買車買房，感情觀較自由，沒有穩定的交往對象，崇尚不婚不生。

◎ 婚姻中躺平，家事、金錢 AA 制，夫妻過二人世界，不生小孩。

躺平是為自己而活，是自我的生活態度。但躺平仍需要條件，能「選擇」躺平的人，其實是餓不死的。中國網路論壇《知乎》上有一則針對躺平的貼文：

「躺平是一種聰明的生活態度，相較於一味地參與到社會競爭之中，躺平更強調審時度勢。首先要對自己能力有一個客觀的評價，其次要對自己的內心有很好的調控。身高比不過別人，在別無他法的情況下，不如選擇坐下好好聽。這是對自己身高的判斷，也是對自己所得的滿足和自我安慰。」

《知乎》上還有另一個極端的躺平例子，但結論發人深省：「許多北京人搬到雲南，其中有對開民宿的夫婦。他們離退休養老還有十多年，但在北京就這麼『捲著』，像大多數北京人那樣，忍受著工作的煩惱，感受著大城市的焦躁，對他們來講好像意義不大。於是他們選擇離開

北京，在雲南的洱海邊上開間民宿，實踐人總要為自己活一次的想法。你可能會覺得他們夠灑脫，但他們之所以有資格躺平，關鍵是他們年輕時十分努力，入籍北京並在北京已有兩套房。」

在亞洲，父母、長輩特別會照顧孩子，造成「永遠長不大」的現象，就算已是四、五十歲的成年人，心理、思想層面仍像「小朋友」，家裡也不會要求他們離家，即使這些人出去工作養活自己，但對於提升自己的社會地位並不感興趣，只要「養活自己，一人吃飽等於是全家吃飽」，其他對於買車、買房，甚至結婚生子都不那麼關心。這些種種的躺平現象，都呈現出現今世代價值觀的改變，也可以從中看出年輕世代對社會現況的無力與無奈。

〈躺平即是正義〉中以第歐根尼和赫拉克利特為躺平代表，但即便第歐根尼的不作為，仍成為犬儒學派的代表人物，他有則經典故事是，有次亞歷山大大帝去拜訪他，願給第歐根尼想要的東西，不料蜷縮在木桶裡的第歐根尼只回一句「別擋住我的陽光」。

至於赫拉克利特則思考著「言說」，反映的是對威權的不服從。赫拉克

利特專心思考「邏各斯」（最後成為推崇邏輯概念理則學的濫觴，Logic 一字便是 λόγος的拉丁化）。

內捲與躺平就像光譜的兩端，擺盪到了一端的極致，另外一端的聲音就會出現。至於是大環境下的困境還是機會？取決於個人的選擇與行動了。

社會競爭下的焦慮與挫折

內捲與躺平一個代表過度競爭，一個則是主張放棄競爭，這兩個截然不同的詞若加諸在同一群對象上，完全呈現出現今社會競爭白熱化下的挫折和焦慮感。

自清華各個菁英學子邊騎單車邊使用電腦打論文的照片在網路上瘋傳，「清華捲王」的說法引發討論議題。而這股內捲風暴也吹向職場，任何一名在不競爭就淘汰壓力下討生活的年輕人們，也通通被歸納在工作日夜沒有個盡頭的「內捲王」麾下。

如果是清華大學那些學生激烈的競爭，深深引發年輕人的內捲共鳴，那躺平或許就是在這苦悶時代中，疲累士兵們的最後一擊反抗。現在的職場生態改變，996 模式盛行，許多上班族從早上九點開始工作，一直到晚上九點才能下班，而且還要每周工作六天，中國科技業尤其嚴重，但這般替公司賣命，卻不一定能換來加薪與升遷機會，形成一種努力過頭，可不見突破的惡性循環，讓人苦不堪言。

年輕人在面對以 GDP 為戰略方針的高壓戰場下，對生活和工作漸漸浮現出疲累感，因而萌生退出競爭的躺平心態，以死豬不怕開水燙為最高指導原則，只要我放棄了，你還能奈我何呢？寧可不買房、不買車、不結婚、不生子、不消費，信奉五不方針，只要能維持最低的生存標準，不餓死就好，你能奈我何？

所以正如筆者所說的，躺平主義與其說是逃避競爭、放棄出人頭地，不如說是年輕人對現在社會困境下的無奈。所以內捲所引發的社會議題即是讓許多人心中產生焦慮，你可能因為別人而感到焦慮，別人也同樣有可能因為你而感到焦慮，內捲在每個人際之間傳播，只要競爭的壓力過大，便會產生焦慮。

哺乳動物在面對壓力時，大腦的前額葉會釋放激素，本能地產生戰鬥或逃跑的防禦機制，也因為有此機制才得以不斷延續下去。但我們人類跟其他動物又不大一樣，因為人類面對壓力時會加以思考，發展出能應對壓力的方法或是工具。

比如學生透過去補習班，事先學會學校老師還沒有教的知識、應用，或是在課堂上聽不懂老師說的，那就利用校外學習的機會，諸如補習、家教班或去請教同學，如此一來就不用擔心考試不會寫了。

但在內捲的影響下，原先就存在的壓力也會升級，好比在課後補習的學生越來越多，且以前可能只補重點科目，但現在卻變成每科都需要補，而學校老師發現原先的考試題目越來越鑑別不出學生的程度時，就又會把考卷的難度提高，學生考不出好成績，又花更多時間補習、寫更多的試卷評量。

在職場也是如此，因為現在的社會可說人人都受過知識教育，導致學歷貶值的情形發生，以前可能只要有大學畢業證書，就代表著一定能找到工作，但現在卻不見得如此，滿街的大學生、碩士生，且現在產業也發展的相當快速，人才被汰換的機率極

高，博士生都可能面臨失業危機，所以大家在工作上越發努力求表現，想著只要能甩開那些無法通過的人，自己就可以得到工作機會或是更好的報償。

某些公司會透過激勵的方式來淘汰員工，比如原本要花費兩周時間完成的

案子，提出激勵獎金，刺激員工以一周半甚至更短的時間完成，若員工提早結案，便將這提早的時間視為常態，若未來無法在此時限內完成，工作表現便會被打上一個叉。一段時間後，公司又會提出相同的激勵模式，直到測試出能讓績效最大化的絕佳天數。

這樣的激勵模式也意味著員工受到變相壓榨，但無法得到更多的回報，拼命工作的結果竟又反過來使自己得承受更深的壓榨。慢慢地，開始有員工怠工或選擇離職，這時公司又得重新招聘、培訓新人，對公司毫無幫助，這就是內捲的結果，甚至形成一種內耗。

因此，有些人乾脆直接不加入競爭，選擇薪資待遇較低的工作，就好比前面筆者說的，每年環保局招考環保人員或是郵局招聘郵差時，經常看到高學歷者前去報考。對於這些人其實可以分為兩類，一種是真心接受這樣的工作環境和條件，一種則是消極逃避，其實心裡不大滿意，但比起這個原因，他更不想承受不合理的工作壓榨。

而努力並非應對內捲的好方法，倘若你面對的是一個合理的環境，努力確實能有一個明確的回饋；但假如是一個不合理的環境，努力可能無法得到報償，在努力期間喪失的生活品質還可能更多。

內捲化現象使大眾生活在這種失衡的環境之中，有些人只看見自己必須奮

鬥，有些人看見的是自己什麼都不行。面對內捲化，我們不應一味的努力或是選擇逃避，呈現兩種極端，以個人來說，應當看見自己可以努力的空間，不需要事事苛求完美；以群體而言，就是特質互補的成員互相合作，這樣的方式才是應對內捲化現象最好的策略，而不是作繭自縛，把自己逼得很緊，極端化發展。

社會轉型的臨界點已到來

內捲化概念的流行，其背景是企業、家庭或個人越發投入到一種同質且無效的激烈競爭之中，且這種競爭並沒有促進一種對社群或個人有更大回報的增長模式產生。

在近幾年，恐怕沒有一個詞彙比「內捲」能更好地形容整個社會的變化，因為它極好地契合了疫情之下人們別無選擇的現況，在重壓之下，又不得不面對激烈競爭的心態，進而指向社會長久以來的痼疾。且又爆出超時工作的年輕人「過勞死」事件，足見「內捲」下超高強度勞動的嚴重後果，使很多人苦不堪言，但又無法擺脫，對這樣的社會現狀感到無可奈何。

那麼在面對「內捲」到底還有沒有其他選擇？如果有的話，那是什麼樣的選擇？前面有提到內捲是美國人類學家借用戈登威澤的內捲化概念，來研究爪哇的水稻農業，於 1963 年出版《農業內捲：印尼的生態變遷過程》，描述一種「沒有發展的勞動力密集投入」。因為他發現這些農民祖輩以來，在田地裡不斷精耕細作，但產量的增長很有限，結果他們的效益產出其實是遞減的。

內捲隨後就被廣泛應用於經濟史研究中，在某種程度上正好與當時「停滯的東方社會」或「亞細亞生產方式」產生共鳴，用以解釋為何非西方社會未能自發產生現代化。學者馬克‧艾文斯又進一步歸納出「高水準均衡陷阱」，提出亞洲傳統社會都面臨著龐大人口對資源的巨大壓力，勞動力過剩而資本短缺，與歐洲近代恰恰相反，最終在原有的模式裡越做越細，但卻只是在一個簡單層次上不斷自我重複，無法透過漸進增長或突變進入更高的層次。

而這也是內捲和職人精神的主要區別，雖然職人也著重不斷投入精力，但它並非只是簡單地重複，而是在精益求精地追求最大化、最佳化；更重要的是，職人精神是日本封建社會職人制度的產物，它雖然同樣不能中途退出，因為往往是子承父業，但卻不需要面對大規模的同質化競爭，近似於歐洲的行會制度。職人、行會可以經由壟斷獲得穩定高利潤，避免陷入效益遞減的內捲漩渦。

在一個開放、動態的市場機制下，資本本能地尋求效益最大化，因此，一旦內捲到完全無利可圖時，自然會有人退出或尋求開闢創新的模式。然而，傳統的華人社會是一個由無數同質化村莊組成的小農社會，每家每戶都會種地，也可以說是只會種地，人們精耕細作的目的也並非尋求資本增值，而是盡可能地糊口。

在這種情況下，小農社會的人們很難意識到、甚至也很難理解，同質化競爭的結果，最終勢必導致自己的產品（糧食）和勞動力都變得越來越不值錢，因為人們的思維不像資本主義那樣是市場導向的。

因此，這個詞與西方工業革命出現的突變式發展相對比，用以解釋「為什麼西方做到了，但東方沒有做到」，因為內捲的反面即外捲，也就是革命。是否有內捲，其實是從結果倒推出來的：因為沒有出現破壞式創新，自發實現現代化而躍入更高層次，所以再多努力也只是原地轉圈。

不難看出，圍繞著這個概念，原本有三個關鍵內涵：首先是「效益」，用更少的勞動力創造更多的價值；其次是「創新」，能否找到新的模式來消化過剩的勞動力，還是在既有模式下進行同質化競爭，不斷加碼，這又涉及到這個

社會是否足夠開放，能讓人們有豐富多元的其他選擇；最後是「發展」，即不斷投入的勞動力是否帶來增長、擴張和轉型，由量變到質變，最終導向創造性的變革。

當內捲這個詞被經濟史學者黃宗智引入來分析傳統小農經濟時，它仍是一種「圈內人話語」，聚焦於經濟史上的社會轉型，但在現今大環境的發展下，它所指向的也轉為人們當下所關心的社會現實，折射出的是一種焦慮心態：不斷密集投入勞動力，但卻看不到擺脫這困境的前景，也沒有退出機制。

內捲概念其實已偏離其最初的內涵，它雖然也隱含著「沒有發展的增長」這一層意思，但真正在意的卻不是整個體系的效益和轉型，而是身在其中的個體主觀感受：一種人人苦不堪言、每個人都很忙很累，但生活卻沒有變得更好的困境。

由於這種困境既是整體性的，又是多層次多角度的，勢必也對此出現了各式各樣的解讀，並被廣泛地到處使用，因為人們找不出其他更好的詞來描述自己這樣一種生活狀態。

這究竟是社會的新問題還是老問題？應該說，這是現在的人仍習慣以「用老辦法解決新問題」。當社會遭遇轉型的陣痛、疫情的收緊、階層的固化、大學擴招帶來的大量新勞動力湧入等種種問題時，在短時間內沒有辦法找到新的模式，其結果便是僧多粥少，人們被迫加劇競爭來爭奪有限的資源。

當資源變得稀缺，你若想要勝出，就必須拼盡全力試圖獲取一點點優勢，形成「高度耗能的死胡同」，也就好比「千軍萬馬過獨木橋」，身陷其中、進退兩難。

如何擺脫這種困境？從社會層面來說，一個組織或一個經濟體，為了避免內捲，就應當研發新技術、優化流程以提升效益，同時不斷鼓勵創新，創造更高的價值，逐漸帶動整體轉型升級。

這在市場機制下，原本不是一個問題，因為效益差的組織自然會被淘汰，最終只有那些能靈活應對挑戰的組織，才能在不斷摸索、創新中成功勝出。從這一意義上來看：「內捲」現象本身就是社會機制市場化不徹底所造成的，以至於低效的組織仍能存活，而高效、創新的組織卻無法僅憑這一點就獲得充足的回報。

對於身處其中的個體來說就更難了，但有一點至少是明確的：只有不斷拓展、創造新的機會，擴張現有資源，讓每個人都充分自主地的選擇機會，他們才不至於陷入不斷加碼的內捲。教育表現的尤為明顯，如果教育是實現階層流動唯一途徑，那就算人人都

有機會上大學，還是不免會從幼稚園就開始捲，因為北大、清華的名額始終是有限的稀缺資源。只有允許多樣的發展途徑、鼓勵差異化競爭，才能打破這種高度一體化、不允許失敗和退出的惡性競爭機制。

值得慶幸的一點是，如今人們都在談論「內捲」，這本身就是通往改變的第一步，至少全社會普遍意識到這是一個「問題」。因為真正沒有希望的，是那些雖然內捲、卻不覺得這有什麼不對！相反地，甚至還覺得這是理所當然的社會──事實上，在傳統社會這根本就不會被問題化，因為人們想不出還有其他可能。

就此而言，這或許正折射出社會在轉型過程中進入到了臨界點，一個蘊藏

著巨大潛力的社會，在危機和尋求變革的道路上，遇到了一時難以突破的瓶頸，此時，如果不能實現動態調整和市場擴張，那人們便會本能地尋求對稀缺資源更公平的分配機制。

內捲、躺平後，「潤學」引爆

全球新冠疫情隨著病毒株的變異時好時壞，中國最大城市上海因應政府清零政策二度封城，之後才又重啟，讓百姓回到過往的生活模式。但上海當地居民真的認為生活正慢慢回歸正常嗎？

據媒體報導，有對夫妻在上海置產成家立業，但考量到小孩未來的教育，決定離開上海，無奈全球疫情爆發，又加上上海當局幾度宣布封城，使他們原先的計畫全被打亂，但也因此加深他們離去的決心。

那名女士說道：「我們夫妻倆住過很多城市，上海對我們來說是職涯最有發展性和生活便利的都市，但因為疫情的封控政策和種種亂象，讓我重新省思了這個問題，現在只感到失望和絕望，並開始意識到它其實是座在特殊事件中，同樣不能獨善其身的一座城市。」而這對夫婦更只是眾多想逃離上海、逃離中

國的其中之一。

上海封城不只嚇壞上海人，冷血手段讓全世界都震驚不已，困境如照妖鏡，瞬間敲碎上海人的自信心。上海此次嚴苛的封城措施和食物短缺亂象在國際間傳得沸沸揚揚，也引發人們對「潤」現象的討論。

何謂「潤」？這是一個源於中國大陸

的網路迷因，潤音同「Run」的諧音，即移民海外，作為網路用語，甚至有人戲稱目前中國年輕人的選擇只剩「捲（內捲），躺（躺平），潤（移民）」。

內捲、躺平是描繪中國年輕世代在社會壓力下的無可奈何，從而放棄職場或學業競逐，潤則聚焦在出逃和移民的踐行和訴求之上。

不同於「躺平」或「內捲」，是描繪中國的年輕世代身處社會壓力下是何等無奈，從而放棄了職場或學業競逐，「潤」則是聚焦出逃和移民的踐行和訴求。人類學家項飆說比起內捲和躺平，潤是社會壓力更為激烈的象徵。

他說：「從『內捲』、『躺平』到『潤』，這其中有很大變化。『躺平』和『內捲』講的是壓力，『潤』則是加上壓迫和壓抑。所謂壓抑包含情緒方面，亦即人的生活方式或性別都跟這有關係……所以『潤』不僅是壓力還是壓抑。」

目前潤只是一種文化現象，尚未看到已經轉化成人口現象。許多要「潤」的人，之後會透過留學的方式潤。換言之，接下來可能會有一波留學潮。但對於那些無法潤的人，「社會後果，可能比較嚴重，表達出來的是一種焦慮和失望，對今後婚姻、成家生育都有直接影響。

「潤」不僅是消極的逃避，很多人知道他們無法一走了之，討論本身是一種批評和對一種理想生活狀態的渴望，所以，討論潤還是有積極性的，也就是用這種語言開啟對現實壓迫感的疏導，至少可以把內心的想法表達出去！

內捲下的「過勞世代」

經濟學家凱恩斯曾擔心：「到了二十一世紀，人們將進入閒暇時代，會因為無事可做而煩惱。」那個年代不少人持有和凱恩斯相同的想法，隨著人類生產力和效率的提高，「上班族」會越來越輕鬆，每天只需工作四個小時；或是維持八小時工作制，但三十八歲便可退休。

可是沒想到現實卻朝另一個相反的方向發展，樣樣背道而馳，延遲退休、加班文化盛行，自上世紀八〇年代開始，日本、美國、韓國……各國都或快或慢地進入「過度疲勞的社會」。

 窮就算了，為什麼還越來越忙？

在現今的內捲亂象下，你是否有想過自己到了七十歲的時候，還無法退休，要像現在這樣拼命工作，每天看著電腦螢幕、敲著鍵盤、做著簡報……遲遲無法退休過著養老生活？這樣的假設絕不是筆者在危言聳聽，因為現今的社會模式，讓世界上所有人都不可避免地成為「過勞一代」。

1930 年，經濟學家凱恩斯曾預言一百年後（2030 年）人類會因無所事事而煩惱。他認為生產力持續發展，所以未來人類只要工作十五小時，就可以徹底擺脫貧困，也就是到了 2030 年，人類每周只要工作五天，每天工作三小時即可。但很明顯現況不如他預期，現在的人所面臨的問題是不得不加班三小時，而非每天只要工作三小時即可。

科技一直在進步，機器不斷取代人力，但卻有種一代較一代操勞的感覺。以美國為例，自四〇年代到八〇年代間，美國的生產效率提高兩倍，也就是說現在只需要耗費一半的時間，就能創造出四十年前的財富。

以這推論來說，那現在八個小時的工時，理應要縮減為四小時，但沒想到現實卻恰恰相反，九〇年代起，美國正式迎來「過勞時代」，工時不減反增，反而多出二個小時！位處亞洲的日本更甚，在八〇年代便率先迎來過勞時代，現在年輕人常說的「社畜」便是日本上班族對自己的嘲諷。

二戰後科技突飛猛進，起先絕大多數的國家勞動時數確實開始縮短，但到了八〇、九〇年代卻出現逆轉，先進發達國家的員工勞動時數都突然開始增加，發展中國家也後來居上，尤其是亞洲地區。二十一世紀，香港、台灣、泰國、印度……等國家的勞工每周工作時長都超過四十五小時，勝過原先工時最長的日本。數據顯示亞洲地區有超過 30% 的人每周工時超過五十小時，10% 的人超過六十小時。

這實在是一件吊詭的事情，明明科技在發展，生產力在進步，卻越發沒有享受到歲月靜好的生活，伴隨而來的只剩各種壓迫下得苟延殘喘，這是為什麼呢？筆者下面試著分析幾點。

① 反生產力

俗話說「物極必反」。所以，既然有「生產力」，就一定有「反生產力」。什麼是「反生產力」呢？簡言之就是，我們發明工具本是為了提高效率，但是越往後卻發現越阻礙效率。打個比方，以往向主管或客戶報告，往往只要準備一份簡單的手稿，但隨著 1990 年 Power Point（以下簡稱 PPT）上市，便開始

把它作為重要的簡報工具。你發現沒？原本只要花一小時就能完成的手稿，現在我們可能要花一天時間來做 PPT。所以每一個熬夜做過 PPT 的人，大概都罵過推出這個程式的微軟。PPT 哪裡解放了勞動力？明明是在消耗勞動力。

汽車在某種程度上，也是「反生產力」的代表。當初我們發明汽車，是為了節約時間，比如一款汽車每小時可行駛五十公里，而步行每小時只能走五公里，但汽車真的為我們節約了時間嗎？

不曉得你有沒有算過，若要買一輛車，必須工作多長時間、存多久才存夠呢？假如你年儲蓄三十萬，而這輛車卻需要八十萬，那麼你為這輛車整整工作一年還買不起。而且這還沒有算上你為了找停車位、支付保險、維修保養、油錢和罰單等需花費的大量開支和時間。

且隨著交通越來越擁堵，汽車的行駛速度也在下降。實際上，現在汽車的真實平均速度每小時還不到六公里。也就是說，車速和步行速度其實差不多。除此之外，你還得花時間和錢去考駕照。

根據上方筆者的分析，你還覺得汽車有節約到時間和精力嗎？那從社會的角度看呢？汽車不僅在消耗消費者的時間和精力，同時它也在消耗生產者的時間和精力。據 2022 年的數據統計，僅福特這一家企業就擁有十八萬員工，這些員工原本可以為全世界種植玉米、小麥，可以養活上百萬的人，但他們現在卻在拼命設計、生產和銷售汽車。而其他人呢？他們也在為買汽車而拼命地工作。這種勞動力的「浪費」是雙向的，所以，很多科技產物乍看是為我們節約了時間，但結果往往背道而馳，這就叫「反生產力」。

② 內捲化影響

網路上對於內捲有個經典的解釋：一間電影院本來大家都坐得好好的，前排觀眾突然站了起來，你請對方坐下，但他卻不予理會，於是你也只能站起來，你後排的觀眾也因為被你擋住必須站起來，最後全場的觀眾都站起來看了。這時呈現一個滑稽的畫面，明明屁股底下有座位，大家卻不能坐下，一個個杵在那，彷彿一座座沙雕堡。

現在很多人將 996 工作模式奉為圭臬，假設公司團隊有十人，每個人月薪平均有三萬五，大夥兒每天上班八小時，準時下班其樂融融。但其中一名想在老闆面前多表現，於是開始每天加班一小時，老闆看在眼裡，一個月後向員工們宣布每月除固定月薪外，會再根據每人的工作績效發放獎金，那位員工確實被老闆看見了，也獲得他努力付出應得的報酬。但在這樣的情況下，姑且不論是否想多賺點錢，若沒有跟著加班，彷彿被貼上績效不佳的標籤，於是其他人也只能效仿了。

最後形成一種惡性循環，為了加班而加班，所以中國職場也傳著一句話：「讓你 996 的並非你的老闆，而是其他願意 996 的同事。」這句話聽起來雖然極為諷刺，但十分貼切且真實。所以，在內捲化發展下，很難有真正的贏家，全體捲入者都默默承受著代價，就好比哲學家湯瑪斯·霍布斯（Thomas Hobbes）說的：「這是一場人對人的戰爭。」

③ 人力被生產工具取代

工業革命時期，有一群工人們紛紛主張要摧毀機器，這是為什麼？因為機器是他們的假想敵，機器從不討價還價，每天就不斷投入生產，也不會去搞什麼罷工遊行。最重要的是，機器不僅力氣大，技術也非常好，不大容易出錯，工人的產能和機器無法相比較，所以工人自然而然地萌生厭惡機器的想法。

當時的工人覺得機器會搶走他們的飯碗，但除了工作機會外，他們還要擔心另一個問題，那就是機器會使他們變得廉價。因為一旦實現機械化生產，很多工作便不再要求工人有熟練的技能。也就是說，以前還能靠力氣或技術和老闆討價還價，現在不行了。

在電影《摩登時代》中，卓別林每天上班只要做一件事，那就是把螺絲擰緊，但這樣的事家庭主婦和小孩都會。所以工廠開始招聘大量的女工和童工，這些工人也進一步失去了議價權，他們每天可能要工作十二小時，勞動強度大，薪水卻很低，可是如果不妥協，就必須面臨失業的困境，因此當時的工人是毫無選擇可言。

到了八〇年代，與工業革命類似的情況再次上演，各大公司和工廠開始使用電腦作業，專家們斷言電腦象徵著後工業時代，電腦消除了以往千篇一律的勞動模式，每個人都成為腦力勞動者，但後來發現整天敲鍵盤的工作模式和在工廠組裝零件一樣單調乏味。

在工業革命時期，大型機具使藍領變成廉價的低專業性勞動力；之後，電腦又把白領變成廉價的低專業性勞動力。YouTube上有人這麼寫到：「到職後，公司給員工配了一台電腦，表面上是每人擁有一台電腦，但其實是替電腦配了一個人。」

這句話隱晦地指出，每台電腦前面的座位其實和生產線上的機位沒什麼區

別，坐在電腦前認真打字、製作 PPT 的上班族，並沒有比那些踩著縫紉機的女工來得高大上。勞動者本就是為了生產而生，無論工具如何改變，這底層規律不會改變，只是隨著科技的發展，生產工具有所不同了，但也因此打破了工作和生活之間的界線，漸漸地工作也帶回家中，根本無法從工作中抽離。

之前筆者曾看過一則新聞，報導著一名電腦工程師特別請了婚假，但沒想到結婚當天公司的伺服器癱瘓，這位新郎倌不得不在宴席間打開電腦搶救。亞里斯多德曾說：「大自然厭惡真空。」反觀我們發明的工具又何嘗不是如此呢？原先期望工具能幫助人們解決問題，但這就像兩面刃，將工作和生活的邊界打破，吞噬掉原先尚存的時間和精力。

④ 消費主義的盛行

《飽食窮民》是日本著名記者齋藤茂男的一部紀實類文學作品，記錄了房地產泡沫破碎前日本社會，故事雖然發生在早些年前的日本，但是和現今社會所面臨的困境很相似。

一群長期處於高壓環境的上班族，因為感到焦慮，在別人的介紹下參加心靈諮詢團體尋求慰藉。活動內容很簡單，甚至有些荒誕。比如他們會向眾人講述自己最隱秘的各種經歷，或是在黑暗中一起陷入回憶，活動過程中很多人哭了，周圍都是啜泣的聲音。

這樣的活動費用要價幾十萬日元，但參加者都覺得相當值得，因為活動結束後，他們確實感覺自己的心情變好了。

但這種活動真能緩解壓力嗎？其實從心理學的角度，這只不過是利用環境和集體影響，給人一種心理依戀，讓你在那段時間有種特別的體驗。但長期來看，你並不能得到什麼「解脫」，相反地，你還要付出很多金錢以及無法衡量的時間精力成本。

可能會有人提出反對票，認為賺錢不就是用來消費的嗎？其實消費主義比消費只多了兩個字，但卻完全是兩回事兒。「主義」是關鍵詞，也就是「中心」的意思，所以「消費主義」就是一切以消費為中心的價值觀建構，讓你以為所有的快樂都建立在消費之上，甚至給你一種不去這麼消費，就無法跟正常人一般生活的感覺。

另一經典作品《消費社會》中，有一個聳人聽聞的觀點：一個人在消費社會中，根本沒有所謂的自由。比如你是一名白領女性，可以自由選擇髮型、包包、造型，以及各種化妝品、護膚品，但你不會選擇你媽媽年輕時穿的花裙子。

因為大家都會告訴你這東西「過時了」，若你執意要穿，必然會受到所在群體的白眼和排斥。而且你甚至會喪失不化妝、不洗頭、不洗澡的權力，為了迎合你所在的群體，你必須用相應的消費品來響應。

然而，這一切只不過是一張虛假的通行證，只是為了讓你滿足某種身份的想像。這其實是人類一種自我定位本能，每個人都想弄明白一件事：自己在群體中到底處於什麼位置？

原始社會中，依靠體型的大小、力量的多寡等顯性特徵來定位自己是強者還是弱者，但在現代社會中，這些「原始指標」失效了，必須透過新方式來標榜自己的社會地位。商家們很懂得這一點，利用各種辦法讓「消費能力」成為大家心中的硬指標。

好比用小米的，覺得不如用 iPhone 的；揹正品 LV 的，瞧不上揹仿冒 LV，但正品 LV 又打不進愛馬仕鉑金包的貴婦圈……於是越來越多人為了這種虛假的指標，日復一日的拼命工作，深陷內捲循環，就像一個陀螺不停打轉，在欲望和泡影中永不停息的旋轉，進而過勞。

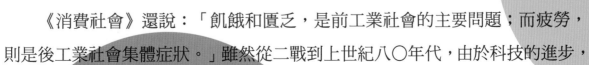

《消費社會》還說：「飢餓和匱乏，是前工業社會的主要問題；而疲勞，則是後工業社會集體症狀。」雖然從二戰到上世紀八○年代，由於科技的進步，

人類勞動時間有短暫縮短,但假如用一萬年為度量,繪製一張人類工作時長的曲線,你會發現這條曲線是一路走高的。

在狩獵時代,人們的工作節奏是狩獵兩、三天,然後再休息兩、三天;到了農耕時代,人們日出而作,日落而息,太陽下山我下班;而進入工業時代,人們每周至少要工作四十小時,太陽下山我點燈加班。再看看二十一世紀的現在,可能會說出這樣的話:「收到,我會在天亮之前把 Bug 解決。」、「好的老闆,明天上班前我會把資料 Mail 給您。」重點是這些答覆完全出於自願和主動,是不是著實讓人覺得不可思議?

筆者不知道未來勞動時間曲線會呈現如何的走向,但我絕不會像凱恩斯那麼樂觀,認為未來的人會因無所事事而煩惱。當然,我也不想持以過於悲觀的論調,轉念一想,也許「極簡主義」真是對抗內捲化現象、過勞最好的武器。

比如一次專注做一件事,拒絕不必要的任務,有研究表示這樣可以省去 27.1% 的時間。生活上也簡單一些,買東西前先問自己是否真的有需求,理性思考一番你會發現自己有時候過於衝動,一般衝動性消費佔消費品三成以上。

但最重要的是精神上的極簡,過勞的本質是焦慮,而焦慮源於我們對未來的恐懼,現在的人之所以內捲,有時候就是想太多了。

「加班邪教」為何有如此眾多信徒

世界衛生組織表示,超時工作每年造成數十萬人死亡,研究也發現東南亞國家和西太平洋地區的人們超時工作情況最為嚴重,亞洲地區的 996 文化:早上九點工作到晚上九點,每週工作六天即是最明顯的例子。

研究顯示,每週工時超過五十五小時以上和每週工作三十五至四十小時相比,中風

機率增加 35%，死於心臟病的機率增加 17%。國際勞工組織的研究還發現，死於長時間工作的人，有四分之三都是中年以上的男子。

長時間工作和加班文化對身心健康的影響和危害十分嚴重，那為什麼人們仍會糟踏自己的身體，消耗自己的健康呢？還是有其他更深層的心理因素？

新的研究顯示世界各地的工作人口平均每週無償加班逾九小時，科技業的億萬富豪創業家鼓勵人們犧牲睡眠致力工作和創新以「改變世界」。且自COVID-19 爆發以來，人們的工作時數變得更長，生活和工作的界線變得模糊，三更半夜還會收到工作相關的 LINE 或 Mail。

一些人超時工作是因為他們受到工作所帶來的成就吸引，努力工作會替自己帶來成就感，而成就等同成功，成功又會帶來財富和地位。這種「信仰」在中產階級和高層管理階級特別明顯，《紐約客》雜誌甚至直言，這種超時工作的現象就好比「一股邪教勢力」。

① 無意義的精益求精

生活中有很多低水準重複的工作，貌似精益求精，但大家按部就班埋頭苦幹，只在有限的範圍內施展，不向外擴張，工作方向是向內收斂，而非向外發散就是典型的內捲。

② 簡單的問題複雜化

你為了完成領導交辦的任務，又為了使整個決策流程看起來更加科學化，然後做各種市場調研、任務分析，大費周章地做各種可行性報告的研究，最後主管看不到一分鐘便說 OK 了。

把簡單的問題搞的很複雜，目的只是補程序，按照大公司所說流程辦事，其實這也是一種內捲。

紐約大學教授表示：「人們美化這類的生活形態，朝思暮想追求成功，一

天的時間裡面除了睡覺就是工作。」在許多地方，工作多到做不完，甚至成為一些人用來誇大炫耀自己成就和重要性的說辭，這也說明超時工作已是一種普遍的文化現象。

但也有些時候，人們加班只是為了賺錢，用來還債或是養家的唯一選擇。在某些東亞國家的僱主甚至認為員工應該長時間工作，以表現其進取心和敬業精神。但長時間超時工作的唯一結果就是過勞，像蠟燭一般燃燒殆盡，感到虛脫或是身心被掏空。世界衛生組織將過勞定義為「缺乏妥善管理的慢性工作壓力所引起的一種綜合症」，患者感受到嚴重疲勞，對工作產生負面情緒，工作效率降低。

過度工作導致過勞讓你感覺失去人性，身心俱疲，懷疑當初為什麼要接受這份工作。世衛組織於 2019 年正式將過勞視為是一種「職業現象」。

紐約大學教授也表示，進入二十一世紀，現在職場上的長時間超時工作也變得與時俱進，現在的生活是全年無休，社交媒體是 24/7，即時通訊是 24/7，線上購物是 24/7，所有的一切都變成 24/7。而年輕人也將面對一個更困難的未來，學貸加上低薪資和高房價，使他們的財務壓力更大，求職就業更困難。

除此之外，還發生了席捲全球的 COVID-19，全球性的傳染病迫使大眾重新審視工作和生活之間的平衡關係。求職社群網站 LinkedIn 對五千多名使用者進行調查，發現 COVID-19 疫情爆發後，有五成的求職者更重視彈性的工作時數和地點，其他求職者則重視工作和生活的平衡。

我們正處於十字路口，究竟是精神健康重要，還是半夜回覆 Mail、越發內捲更重要？就像種花一樣，如果不澆水、施肥、照射陽光，再美麗的花也會枯萎。

從加班到零工經濟，無間歇工作的代價

根據國際勞工組織最新統計，全球有超過四億員工每週工作四十九小時以上，在全球近十八億就業人口中，其比例不小。

企業家伊隆·馬斯克（Elon Musk）接受《紐約時報》採訪，談到他四十七歲生日在工廠熬通宵時頗為感慨：「沒朋友，什麼都沒有。」與平時每週工作一百多小時的日子沒什麼區別，他說：「我徹底犧牲了和孩子、朋友們見面的時間。」這就是成為矽谷當代神話──馬斯克致力於研發價格親民的電動汽車並大規模量產，並成為火星殖民計畫先鋒所付出的代價。

然而，當疲憊的表情成了一種榮譽勳章，這其實開了一個危險的頭。每天加班、週末加班，成為矽谷創業的標準模式，並蔓延到世界各地，之前 FB 上有個哥倫比亞創客群組，其中一則貼文寫到：「如果此刻的你為了公司、為了點子、為了生意，正在工作，請舉手！」這則 PO 文獲得數千個讚，還有人點了代表「大愛」的心形圖案，PO 文底下有近四十位驕傲的創業者留言，每位留言者都貼上自己的 IP 位址，而當時是週六晚上大約十點鐘的時候。

這種「加班」文化無法實現做更多事的初衷，或者說需要付出更大的代價才能完成工作，有大量證據都顯示出加班會降低工作效率，讓你的身體不健康，事實也是如此，患上各種疾病的機率也相對增加，但這些加班的人卻無法站出來反對，只能繼續埋頭至工作之中。

工作超時的人，通常都處於精神不濟的狀態，這樣在工作時很容易發生意外或事故，有一項調查分析美國十三年來的職業記錄，發現「需要加班的工作與不用加班的工作相比，加班的員工職災或其他原因造成的受傷率高了 61%。」

這項具體研究並未說明疲勞是風險提升主要的原因，但有充分證據足以表明可能就是這麼一回事。比如你早上八點醒來，一直忙到凌晨一點還沒有睡覺（十七小時未休息），那你的精神表現可能比一名喝兩罐啤酒（血液含 0.05% 的酒精濃度）的男子還要來得糟糕。

假如你又持續忙到凌晨五點未就寢，那疲勞給身體帶來的傷害就跟血液中含有 0.1% 的酒精濃度差不多了，而一般只要血液酒精濃度超過 0.08% 就會被判定為高危險酒駕！

可以見得，熬夜過勞確實會讓你的身體狀態受到影響及損傷，這就好比酒駕一樣，你都已經醉得無法正常駕駛，還妄想可以安全且有效地工作嗎？這或許對坐在辦公室的白領來說並不危險，但如果你是專門在做手工藝、體力活的人，或其他需要高度集中精神的工作，那就得好好斟酌了，一旦發生事故便可能無法挽救。

零工經濟很多領域都出現了這種過勞模式。美國有報導稱：一些網約車公司的司機為了充分利用乘車費上漲的機會，每天駕駛時間達到二十小時。經議會調查後，Uber 將司機持續使用網約車服務的時間限制為每天十小時。

據牛津互聯網研究所的伍德（Alex J Wood）的說法：「最明顯的影響是睡眠被剝奪。」零工經濟使休息越來越少、工作越來越久的惡性循環嚴重加劇。如果不用一直加班，工作效率會更高。但零工經濟致使人們無法盡可能提高效率，因為他們不得不熬夜趕截止時間。

伍德的研究並沒有表明有多少打零工者要長時間工作。他還澄清說，在歐洲、英國和美國，自由職業者專業技能多，議價能力強，情況就樂觀得多。而在南半球，有跡象表明這種過勞惡性循環正越演越烈、越來越根深蒂固。伍德團隊採訪的勞動者中，超過一半的人表示他們必須超時工作，60% 的人說期限

很緊，22% 的人曾因工作而身感疼痛。

一離開辦公室就算今日工作結束的時代，早已一去不復返。下班後檢查和回答公事的訊息似乎避無可避，有的人甚至對此趨之若鶩，因為他們覺得這樣能超過競爭對手，或是能花更多時間關注工作，又能同時和家人在一起。

來自柏林 SRH 應用技術大學的研究員塔瓦斯（Ian Towers）在學術論文中提出：「移動技術提升了人們的期望：管理人員和同事都希望員工隨時都能工作。」然而「隨叫隨到」與準時上下班是兩碼事，我們的身體對這兩種情況的反應截然不同。一項研究發現：早上隨叫隨到者的皮質醇（人體應付壓力的激素，也稱為壓力荷爾蒙）比不需隨叫隨到的員工升得要快，即使他們可能一直到晚上都沒工作可做。

這種壓力荷爾蒙一般在人們剛睡醒時達到峰值，然後慢慢減少，但科學家認為，日常壓力會以各種方式使週期紊亂。比如你預計今天會很緊張，那激素就會上升，如果你長期壓力都很大，這個激素就會一直偏高；如果在長期壓力後你開始經歷「倦怠綜合症」，那這個激素就升不上去了。

結果那些「隨叫隨到」的人發現越來越難「從心理上區分工作和非工作」，很難做自己真正想做的事──研究人員稱之為「控制能力」，換句話說，員工並不覺得「隨叫隨到」的時間真的是自己的，他們的壓力也會相應上升。因此，研究人員得出結論，要求隨叫隨到的日子「不能視作閒暇時間，因為休閒的重要功能──休養生息，在這種情況下十分有限」。

即使你是馬斯克，一口氣工作好幾天也並不明智，他那可能影響健康的工作習慣是投資者們並不樂見的新聞。馬斯克接受《紐約時報》採訪後，大眾懷疑馬斯克心理狀態不佳，特斯拉的股價迅速下跌了 8.8%。

請將這一新聞作為一個警示：如果你能避免一口氣工作好幾天，就盡量別這麼做。因為這對你的健康、幸福和生產力，並沒有什麼好處，即使你覺得自己是個例外，但世上哪來這麼多僥倖？

內捲所衍生的人生內耗

　　內耗，比內捲更可怕。有人說：「我見過一個人最恐怖的狀態，就是持續性的內耗。」高內耗的生活，就像一個漏氣的氣球，無論你怎麼吹，也吹不起來。內耗就好比自己與自己的競爭，不用等別人動手，就先把自己耗盡了。真正聰明的人，不會站在原地和自己拼命較勁，而是會試著將氣球「補漏」，盡力讓它恢復如初。

從內捲到內耗，如影隨形的疲勞感

　　在這個娛樂空前豐富並且無孔不入的時代裡，社會卻越來越被一種「如影隨形的疲勞感」充斥。從行業內捲到精神內耗，向內的鬥爭讓每一個人都在壓力與疲憊的夾擊中前行，人們看上去似乎什麼都沒開始做，潛意識卻到處東征西戰，散播著負面的情緒能量，消耗著每個人已不多餘的精神力。

　　雖然人們的生活體驗越來越豐富，但生命經驗卻越來越貧乏。人們在壓力中感受不安，用消費代替經驗的缺乏，留給自己一個好似充滿希望的虛假意識。物質讓人們好像擁有一切，但又毫無自主權，以至於只能在這種越來越難的生活裡繼續消耗下去。

　　這就是越來越走向內耗的社會，在內捲化的社會裡內耗個人。只有我們改變，停止內捲、打破內耗，從精神內耗中脫身，才有可能在這個充滿疲勞感的社會裡擁有機會和精力去體驗真正的生活。

在群體心理學中，將社會或部門內部不協調、產生矛盾而造成的人力、物力等無謂消耗及由此而產生的負效應，稱為內耗效應。簡言之，群體內耗就是一個群體因為內部結構或彼此之間的某些目的、動機、行為不協調，所引起的糾紛、磨擦、破壞性衝突，導致整體性功能減弱的效應。內捲現象就屬一種變相的內耗，群體為了競爭而競爭，但效益提升的幅度卻有限。

近來人們認知領域拓展，精神內耗、自我內耗、個人內耗的討論也紛至遝來。對個人來說，這種精神內耗、自我內耗更加強調個人因注意偏差、思維困擾、感受與理智衝突，體驗到的身心內部持續的自我戰鬥現象。

事實上，內耗幾乎充斥著每個人的生活。當你對自己不滿、懷疑自我並壓迫自我時；當你回避某些感受時；當你試圖在思維裡自我辯駁、說服時；當你試圖控制、壓抑、否定或漠視特定的感受與思維時；當你想要把握自己，把握環境甚至把握社會時，你所做的就是持續激發內耗的自我戰鬥。

值得注意的是，精神內耗並不等同於負面情緒，它更多的是消耗人們的精神力，讓人們變得「知覺疲勞」。這種「知覺疲勞」的副作用在人們的生活中已越發凸顯，其導致人們的注意力、記憶力、判斷力和自控力等心理資源無謂消耗，減弱甚至摧毀行動能力。

也就是說，自我控制需要消耗心理資源，當資源不足時，個體即處於一種內耗的狀態。而當人們將資源用於大腦內部看不見的自我戰鬥時，可用於面對挑戰、解決問題的身心資源將變得匱乏，容易出現疲勞、麻木、注意力分散、反應遲鈍等問題。

這就是為什麼當你想在週末下午看一部電影、看完床頭剩下的半本書，卻在猶豫與拖延中反覆滑著 FB 和 IG，機械地向上滑動頁面，或是快轉看完綜藝節目、韓劇，最後還是沒有執行既定計畫的原因。

而這進一步導致人們透過什麼方式轉移注意力，讓自己不要去想未完成的事。但只要問題還存在，它們就一定會在腦海中佔據一席之地，並不斷消耗精力。終於，長期的內耗讓人們倍感疲勞，當個體的內耗堆積，社會就會被一種「如影隨形的疲勞感」充斥，形成惡性循環。

當然，內耗的產生離不開外部和內部的因素。從外部因素來看，當前「內捲化」惡性競爭大環境下，明明知道最後什麼收穫也不會有，但還是要競爭，因為除了競爭外，不知道還有什麼別的方式值得去生活。對個體來說，如果退出競爭的話，甚至會有道德壓力。

現在內捲沒有退出機制，不允許個體退出，但若咬著牙埋頭苦幹，從內捲到內耗，這種競爭的激烈，都指向了明確地「無意義」、「荒謬」、「被困」的系統裡。於是，在同質化嚴重的社會裡，人們只能互相廝殺、競爭，缺乏退出機制，若不競爭，那就躺平，呈現兩個極端。

好比中國有多起因承受不住內捲壓力而跳樓的大專院校生，他們無法解釋自己不想競爭的原因，也解釋不了自己為什麼「競爭失敗」，在台灣也不乏因壓力大而選擇輕生的悲歌。筆者試著分析其中的原因。

① 學校、教授的壓力

學校可能會為了教學評鑑，向各科系教授提出很高的考核要求。教授害怕評鑑不達標而被辭退，而對學生施加很大的壓力，安排各式各樣的課業。更過份者還可能藉由辱罵侮辱學生，來發洩心中的鬱結或是為了私利讓學生延期畢業等，學生身上自然背負著許多敢怒不敢言的無形壓力。

❷ 家庭壓力及社交衝突

父母對孩子期待要求很高，若就業薪水低，就代表窮困，難買房、難結婚，而這些過高的要求和期待，會在年輕人心中形成很大的壓力，甚至感到絕望。

❸ 社會上的壓力

當代年輕人面對的壓力越來越大，對研究生而言包括學業壓力、就業壓力、成家壓力等。一般唸到碩博士的人年齡普遍較大，社會對他們的期待又很高，為了拿到學位，前期付出的時間成本也高，房價跟物價在他們讀書的時間中不斷上升，工作機會也同樣減少，即使畢業拿到最高學歷仍感到前途渺茫、無所適從，擔心無法適應這個內捲競爭的社會。

❹ 自身原因

有些人的心理比較脆弱，也就是我們常說的玻璃心，容易產生悲觀消極的情緒，主要表現為焦慮、煩躁、抑鬱、憤怒和情緒不穩。他們沒有快樂的體驗感，長此以往就會出現無助感和無望感，對事情無能為力，沒有任何辦法，腦筋比較直，不懂得變通，不懂得退一步海闊天空，控制不住自己的情緒，變成心理疾病，從而萌生自殺的想法。

人們無法選擇其喜歡的生活方式，因為這意味著違背了「向上走」的社會要求，從而產生道德壓力。大多數的人要用更多努力去證明自己適應這個社會，一旦失業或考試失敗，就會陷入極大的痛苦。

內部因素則與人腦的工作模式相關。研究資料顯示，人類大腦有兩種工作

模式，一種是依據習慣來做出反應，比如走路、開車、認路、運動等，這些行為依靠大腦內特定的神經元連接迴路，無須思考便可自動反應做出行為，這些行為也佔據我們日常生活中 90% 的時間。

另一種就是所剩不到 10% 的時間，這段時間是有意識的思考、分析、判斷、決策、執行等過程來行動，這是進化形成的大腦工作機制，也是人類卓越的適應本能之一。

腦神經研究，人類大腦可分為情感腦、理智腦兩大部份，情感腦負責感受情緒，做出直覺判斷和選擇，日常生活中超過 90% 的時間，情感腦掌控我們的一切；理智腦則負責分析、判斷、選擇、決策，作為高耗能機制，其日常被啟動時間不足 10%。

當情感腦與理智腦合作良好時，人們會有平靜、滿意的感受，但如果兩者陷入衝突，我們就會進入內耗模式，產生兩種情況：理智壓抑情感或情感碾壓理智。

比如，史丹佛大學心理學教授詹姆斯・格羅斯（James J. Gross）曾做過一項研究，當受試者試圖戴上面具，抑制自己真實的感覺時，血壓會升高。相反，若受試者不再試圖偽裝，而是認識到自己的感受並變得表裡一致，血壓又會自然下降。

於是我們便在社會的影響及天然存在的大腦功能性差異下，外部因素疊加內部因素共同構成難以停歇的內耗機制。

顯然，因為沒有滿足自己或者社會更多的期待，沒有按照規劃做完每天的待辦清單，以至每天的待辦事項堆積得越來越多，越來越多焦慮與內耗就此產生。意識到內耗對我們自身的消耗以及其內外因素的推動，所以我們最應該做

的就是調動自己的勇氣去改變，真正停止內捲，打破內耗，從精神內耗中脫身。

　　首先，這需要我們去省思自己為何內捲、進而內耗真正的原因，事實上，內耗正來源於人類對問題的恐懼。正如佛洛伊德（Sigmund Freud）所說，拖延症是對死亡的推後。在精神分析學派看來，所有的恐懼都是死亡恐懼的擴散或者投射，人們對所有壞消息的逃避、面對的困難的那種拖逭，往往都與對死亡恐懼相關，內耗也是如此，因為心中覺得恐懼，所以要去找一些能忘記恐懼的東西，但其實絕大多數的恐懼都源於自己的想像。

　　其次，重建認知，這意味著我們需要跳出資訊獲取與態度改變的誤區，積極尋找真正有效的解決方案。其中，「接受」是有效處理內耗，並開始全新生活的基礎，客觀地描述事實，體會感受，觀察思維，同時不被思維受限。

　　在接受中，沒有任何思維、行為層面的內耗，只有客觀的觀察、歡迎的態度和繼續有效行動的能力。只有了解自己的現狀，知道自己正處於什麼狀態，才能讓自己跳出來，停止內捲，不做無意義的競爭，從精神內耗中脫身。

　　最後一點也是最重要的一步，即眾人常掛在嘴邊的改變。腦神經學家研究發現，改變大腦思維最好的方法，就是改變行為。因此，我們若要擺脫不斷競爭的無效行為模式，就代表著必須建

構全新的行為習慣才行。

　　內耗最大的問題並不僅是浪費時間，而是它讓人們被動地捲入消耗之中，導致人們的思維從「當下」向「過去」和「未來」偏移，使得這段時間變得劣質，降低人們的幸福感，但我們的生活應當掌握在自己手中。

　　因此，唯有停止內捲，打破內耗，從精神內耗中脫身，才有可能在這個充斥著「如影隨形疲勞感」的社會裡擁有機會和精力去體驗真正的生活。

 ## 為什麼無法停止戰鬥？

　　「為什麼早晨剛起床腦袋就昏昏沉沉的？」

　　「為什麼我已經休學了，每天什麼都不做，卻依然感覺非常累，甚至都無力爬下床？」

　　「為什麼我想控制自己不發脾氣，卻很容易憤怒？」

　　很多人每天汲汲營營，卻不明白自己到底在追求著什麼，每天腦中都會浮現無數個為什麼，心中充滿疑問，但又不知道該如何探究，只知道我要努力才行，因為同學、同事越來越厲害，不能落下前進的腳步。

　　其實每一個「為什麼」背後，都有一段激烈的自我戰鬥歷程，比如感到傷心、想哭泣時，會有一個聲音迅速在腦海浮現：「不要哭，那太丟人了，別人都沒有哭。」於是開始用笑容偽裝自己。

　　又比如當利益被侵犯，想要維護自身權益時，心中會有一個聲音出現：「這樣會產生矛盾，陷入爭吵的麻煩。」因此壓抑內心的感受和需要，習慣用逃避、沉默，甚至是笑容來面對外界的侵犯。

再比如遭受挫折、感到沮喪時，一個聲音會在腦海裡煽風點火：「你真差勁，什麼都做不好！你就是個廢物！你完蛋了……」在現實的痛苦外，還遭受著自我評判帶來的折磨。

其實不光是遭遇心理困境的負面思維者，幾乎生活中每個人都有過類似的感受：彷彿沒多少事可做，但就是覺得壓力大，而引發這一切不愉快感受的，就是無意義競爭所帶來的內耗！

除傳統定義將內耗聚焦於群體視角外，內耗還可以定義為「個人因注意偏差、思維困擾、感受與理智衝突，體驗到的身心內部持續的自我戰鬥現象」，導致注意力、記憶力、判斷力和自控力等心理資源無謂的消耗、減弱，甚至摧毀行動能力。

其實每個人的生活周圍都充斥著內耗卻不自知，比如對自己不滿、懷疑自我並壓迫自我；忽略或迴避某些感受；試圖在思維裡自我辯駁、說服；控制、壓抑、否定或漠視特定的感受與思維；想控制他人、環境甚至社會……等等，這一切就是持續激發內耗的自我戰鬥。

對個體而言，內捲漩渦所引發的內耗，其帶來的危害極大。研究已經證明：人的心理資源，包括注意力、記憶力、自控力和判斷力等，都是有限、可被消耗的。當我們將資源用於大腦內部看不見的自我戰鬥時，可用於面對挑戰、解決問題的身心資源將變得匱乏，很容易出現疲勞、麻木、注意力分散、反應遲鈍等問題。

所以，如果說現實刺激你不斷競爭、內捲，誘發心理痛苦，那麼自我戰鬥式的內耗，則是心理痛苦不斷放大、加劇的根源！

內耗的根源在於文化與大腦。為什麼會這樣？為什麼我們無法停止戰鬥？正如前面所說，答案在於恐懼！現代生活中，人的恐懼主要源於兩點：一是被群體排斥；二是展露真實自我與內心脆弱。為了逃避，大多數人會選擇偽裝自己，迎合他人。

因此，不斷內捲戰鬥最核心的原因在於，這是一種主流社會文化習慣。從

兒時起，我們就被反覆教導「要做個積極、快樂、洋溢正能量的人」、「不要傳遞憤怒、悲傷、恐懼等負能量，因為沒人會喜歡」、「不要恐懼，那是懦弱的表現」、「不准哭，這會讓你顯得脆弱」……在大環境的要求下，為了迎合他人或社會的期望，怕自己輸給其他人，所以幾乎每個人都開始努力遮掩不足、藏起不快，試圖展現自己最好的一面。

社會文化的影響無處不在，再加上前面提到大腦功能性差異無時不在，這兩者共同構成了難以停歇的內耗機制。筆者整理出如下幾點解決辦法。

① 跳出非正即負的惡性循環

身陷內耗的人，心中往往會有兩個聲音，即「做這件事會產生怎麼樣的負面影響」和「不做這件事會產生怎麼樣的負面影響」。兩種聲音不斷在腦中爭執，這時你的心理就會被消耗，從而出現焦慮、煩躁等負面情緒，在這些負面情緒的作用下，可能造成「一直想、不去做」或是「不想做、但被迫去做」的結果。

出現這種猶豫不決的情況，可以透過深呼吸或轉換環境等方式放鬆緊繃的腦神經、轉移注意力。穩定後，再思考這件事可以帶來的好處，以及能想到的、可以去行動的方法，或是不做會不會產生什麼影響，若不嚴重甚至根本不必要，那就沒有必要勉強，用正向思維模式代替負面思維。

② 丟掉完美主義的包袱

筆者相信有些人的個性是特別希望把所有事情都做好，但有時結果卻不盡如人意。究其原因，就是自己過份追求完美，還沒開始行動就已經在為未來可能出現的問題感到焦慮。

　　若你是過度追求完美的人，筆者會建議你試著緩解心態，先認清自己的優缺點，接納自己的不完美，決定做一件事情時，可以告訴自己「先把工作完成，心有餘力再把工作做得盡善盡美」，在行動過程中不斷反思總結、優化提升，不被外界的壓力束縛，擺脫「內耗」的枷鎖。

③ 目標導向的思維模式

　　太在意他人的評價或過度解讀身邊人的行為和看法，容易讓自己陷入過度反思中，引發負面情緒。當出現反覆揣摩他人話語、過度擔心可能發生的後果等想法時，可以暗示自己將注意力集中在「做這件事要達成什麼目的」、「應該採取哪些行動」等目標導向，而不是糾結於別人做了哪些，你也應該做到，陷入內捲漩渦之中。

 ## 病態社會下，更應追求精神財富

　　格力電器董事長董明珠在中國青年企業家高峰會上表示搞不懂「內捲」和「躺平」，但知道年輕人在這個物質不匱乏的年代，更應該追求精神財富。董明珠的一番話雖然看上去冠冕堂皇，但細細琢磨，其實已經觸到問題本質。

　　中國主席習近平主政下，致力追求中華民族偉大復興的中國夢，無奈中國的年輕世代反其道而行，致使「躺平」主義盛行。躺平主義受到年輕一代的推崇，當時文青聚集的網站「豆瓣」冒出許多以躺平為主旨的社群小組，但中國政府對於這種頹廢文化相當不苟同，與躺平相關的豆瓣小組一夜被關閉，官媒《新華社》更發布影片，勸年輕人不要躺平，要「持續奮鬥」。

　　年輕人選擇「躺平」，不再對未來抱持希望，與艱苦奮鬥的「中國夢」背

道而馳,因而形成「人民躺平、國家在做夢」的諷刺狀態,其實他們並非真的不想競爭,而是對社會現狀做出無言的抗爭。

曾有網路平台發起民調,徵集網友對「躺平」的看法,數據顯示有六成的網友對於年輕人「躺平」主義表示理解同情,這足以說明社會發展達到某階段後,停滯不前的狀態已經是很多人的共識。

對中國人來說,如今早已不是當初改革開放階段,不是遍地黃金的年代。現今社會留給年輕人的機會和資源實在太少了,即使所有人都在努力,也如同筆者前面說的千軍萬馬過獨木橋,其結果未必有什麼太大的差異,這可能也是年輕人躺平的真實心態,對我們台灣年輕一代所面對的狀況同樣也是如此。

巴菲特說人生像是滾雪球,必須找到濕的雪和很長的坡道,雪球才能越滾越大,但筆者認為他缺了一點,就是初始雪球的大小。現在坡道上的雪已經不多,如果一開始的那顆雪球很小,那麼滾雪球前半段中的消耗很有可能大於累積,滾著滾著你會發現雪球非但沒有變大,反而變小了。

以筆者的經歷來說,選擇坡道,和專業、職業的選擇是有一些對應的,例如工程師這條坡道前段的雪還蠻多的,但後段的雪就沒有那麼多了;公務員則是由政府替你在坡道上鋪上一層不薄也不厚的雪,但能否滾大,績效的累積就顯得尤為重要。但在現今的內捲社會下,要年輕人奮鬥,不如給他們多創造一些機會。

「內捲」最初被美國人類學家亞歷山大·戈登威澤提出時,是從文化層面來討論:「當一種文化模式進入最終的固定狀態時,便逐漸侷限於自身內部,

不斷進行複雜的內部轉變,從而再也無法轉化為新的形態,這種停滯狀態,就是所謂的『內捲』。」

如今,陷入內捲漩渦的已不僅僅是文化了,就筆者觀察,現今的生活、工作,乃至企業的經營、發展,都已經受到不同程度的內捲影響,且很多人已深陷其中不自知,無法自拔,一股腦地投入資源、不斷作無效的努力。

可以回想一下,在生活和工作或是在企業經營中,是不是經常出現明明做出正確的選擇,但最終結果卻不盡如人意的情況?假設你經營一間公司,準確地洞察出市場的發展趨勢,精準預判出未來消費熱點的產品類型,馬上動手開發相應的產品並順利上市販售,但沒想到結果卻不如當初所預期,並沒有迎來預想中的大賣、銷售一空。

請問為什麼會出現這種情況?其實很大程度上是因為思維模式受到時代發展和個人經驗的固化而受限,一般我們都是按照以往的思維去考慮問題,你想得到的,其他人肯定也能想到,所以很多人常常擠在同一條路上瘋狂競爭,鮮有人注意到常規賽道外的領域,也就是缺乏創新,這就是「內捲」在企業經營當中非常普遍的表現。

從這個角度來說,「內捲」的存在實際上危害極大。因為即便是熱門產業,自身的體量也是有限的,所以當大量企業和人才桎梏其中,競爭再激烈也不過是無謂的內耗,除了很難給行業帶來長遠的發展外,還會讓企業和人才陷入無休止的內部消耗,失去進步的空間。

「內捲」不僅存在於企業經營、發展的過程中,在人們的日常生活中,「內捲」的身影同樣無處不在。比如,大多數人會按照自己認同的方式規劃未來,殊不知因為自己的思維模式受到公眾認知的影響,所以選擇的也是大眾認可的

方向，漸漸隨波逐流。

那麼，為什麼會產生內捲這種現象呢？
大部份學者把產生內捲的原因歸因於資源與
社會財富的稀缺，即因「蛋糕」沒有做大而
產生的所謂資源有限性和人的欲望無限性之
間的矛盾。在這樣的話語邏輯中，內捲成為
一種別無選擇的選擇。

它會導致兩種完全不同的思考方向：一
種是極端絕望的悲觀情緒，即認為無法擺脫
欲望控制的人類會永遠困入內捲的牢籠而無
法自拔；另外一種則是庸俗的樂觀情緒，認
為技術的發展和生產力的提高將會推動社會
財富的豐裕化，從而會極大地緩解人與人之
間的生存競爭。

這種觀點忽視了內捲背後更深層次的社
會根源，而把內捲現象自然化和合理化了。
事實上內捲現象的產生，不僅不是因為物質
財富不豐裕所造成的結果；恰恰相反，它是物質生產高度發達的現代社會的產
物。高度的內捲化競爭，創造了越來越多的社會物質和精神財富，但卻使人陷
入更加激烈的內捲遊戲，形成一個「越努力越捲」的囚籠。

要真正理解內捲現象，就必須深入到作為現代社會內在本質的生產邏輯中
去。總而言之，內捲是盲目的競爭，是無謂的內耗，它把人的思維囚禁在慣性
牢籠中，將企業的發展侷限在既定的軌道上，阻礙社會進步，無論是個人還是
企業，想找到更高效的發展路徑，必須要打破內捲對自身思維的限制。

內捲是一種滲透在各個行業裡「無聲的悲哀」，也是我們不得不面對的現
實，但越是如此，我們越是要鼓起勇氣，努力走出困境。

NBA 全明星控球後衛貝倫‧戴維斯的一句話：「沿著舊地圖，找不到新大陸」（You won't find the new world with the old map），在企業管理界被廣為引用，表達出一種共識：這是一個真真切切需要做出改變的時代。

改變，不僅是技術、方法與工具，還有思維與認知上的改變，所謂的底層變革。這是因為企業經營的環境確實正發生著巨大的變化。

人生有諸多選擇，讓我們最為困惑的，不是選擇走哪條路，而是當走在某條路上時，我們不知道、也不肯定我們的腳走在最光明的路上，因此我們依然會時不時地顧盼其他路途上的旅客，用他們走過的每一個腳印深淺和自身作比較，用他們暫時得到的成就與利益和自己相斟酌。

但是你通常會發現，你可能不是他們之中過得最好的那一個，但也不會是最差的那一個。當然，每個人都希望擁有和諧快樂的人生，沒有任何讓自己苦惱的事情，並能長久地維持這樣的生活，但這必須端看很多因素，其中最關鍵的還是在於我們的心態。

如果我們封閉自己的心，眼光只侷限在現有的生活圈裡，那無論是解決問題的能力，還是達成個人目標的能力，兩方都無法得到實際的提升。只有當我們願意跨出自己的舒適圈時，才能藉由種種不舒適來打開自己的眼界，逐步成長。

現代人追求財富，往往停留在物質財富的基礎上，以為擁有物質就等於擁有人生的一切，其實物質財富只是滿足人生最基本的需求。如果一個人僅僅追求物質財富，只能說明他的生命層次是很低的，而且很難得到提升。所以，當我們的物質財富可以滿足基本生存時，應該進而追求精神財富。

物質財富是外在的，雖然我們可能擁有房產、存摺，擁有汽車、家電，但

所謂的擁有，只是一份使用權或保管權而已。所以，這些身外之物是虛幻不實的，隨時都可能更換主人，而內在的精神財富才是我們真正可以依賴的無價之寶。

在今天，舊的價值觀被推翻了，新的價值觀卻沒有如期而至。在丟棄了「越窮越光榮」的口號之後，壓抑已久的物欲幾乎在一夜之間就被無休止地激發出來。隨著社會商業化的進程，人們的貪欲空前地膨脹起來：對奢侈品的需要，對財富的需要，對權力和虛榮的需要……等等，這些需要是如此迫切，使我們來不及按部就班地去實現。

俗話說財迷心竅，當我們眼中只剩下金錢的時候，不僅職業道德不見了，甚至倫理道德也不見了。在金錢掛帥的旗幟下，很多人似乎已經忘卻了精神的需求。正是這種忘卻，使我們的內心處於嚴重的失衡狀態。

為什麼今天的人對物質的需求如此迫切？對財富的累積如此貪婪？就是因為在我們的內心世界中，沒有明確的目標指引，沒有崇高的理想驅動，沒有堅定的信仰支撐，甚至沒有道德的力量約束，為了追求物質財富，我們忽略了精神財富，甚至是完全喪失了精神財富。

失去物質財富，只會使生活受到暫時的影響；而一旦失去精神財富，不僅會影響到我們一生，更會殃及後代。不難想像一個精神空虛的父母會給子女什麼樣的教育？一個見利忘義的前輩會給後輩帶來何種影響？

所以，精神文明建設並不是一句空洞的口號，而是刻不容緩的行動，因為我們的所作所為將直接影響

到自己未來的人生，影響到子孫後代發展前景。很多人都認為，財富是自由的保障，似乎有了錢就可以隨心所欲地生活，事實上，占有越多反而越不自由。

因為欲望是被逐漸激發出來的，占有越多，期待和牽掛也就越多。有了一萬，就會想著十萬，然後是百萬、千萬，往往是錢越多就感覺缺得越多，使生活不停地圍繞這個軸心運轉，從而忘卻了人生的根本。

有個比喻說，假如把財富、事業、榮譽、地位都比作 0 的話，健康就是最前面的那個 1；否則，即使擁有再多，也還是等於 0。但現在的人還是常常意識不到這簡單的道理，為了賺錢毫不顧及身體，結果演變為「年輕時以健康換金錢，年老時以金錢買健康」的情況。

但健康是金錢可以買來的嗎？金錢可以換來最新的藥品，換來完善的照護，但不能保障健康無虞。從另一個角度來說，為獲取財富使健康遭受的損失固然是金錢無法彌補的，那為了謀取私利而使心理遭受的傷害就更難以癒合。

欲望是無限的，財富卻是有限的。或許你可以為了盡可能多地占有財富，不僅直接或間接地侵占了他人利益，也使我們自己滋長了重重煩惱。這些內在的傷害或許不會在短時間顯現出來，但它的影響卻不會隨著時間的流逝而消失。

哲學家伊比鳩魯也說：「我們不應該只是擁有財富，更應該是享受財富。」他所說的享受是指精神上的行為。根據這位古希臘哲學家的觀點，人類對生命的看法和態度才是快樂的唯一泉源，這點遠比物質的擁有更重要。

不論自己擁有什麼或缺少什麼，你是否都能樂在其中？如果你現在正在品嚐一杯咖啡，仔細品味；如果太陽正在西沉，從容地享受這美麗的一幕；如果你很喜歡自己的新車，那就享受駕駛的樂趣。但是要知道，不是車子讓你快樂，而是你讓自己快樂。享受的感覺發自內心，它是一種接近生活的方式，需要步伐輕柔，以及拿得起放得下的豁達；它不一定需要金錢，這種充分享受生活的能力便是你的財富。

　　所以，我們必須對財富有正確的認識，也只有這樣才能懂得如法求財、合理使用；從容地駕馭它，而不是被它左右；成為財富的真正主人，也才不會為了競爭而競爭，深陷內捲的漩渦之中或是極端的放棄選擇躺平，這都不是最好的選擇。

　　然，大家總說內捲跟躺平都不好，所以下面章節筆者想跟談談如何反內捲，活出自己的一條路。

伊比鳩魯學派 (Epicurean School)	斯多葛學派 (Stoic School)
341 B.C.~270 B.C.	335 B.C.~263 B.C.
追求快樂的人生	抑制欲望，規律生活
追求快樂，依循理性的生活 乃是最大的快樂	只要依循自然定律， 就可過著美德的生活

反內捲
Anti-involution

The Revolution of
Anti-involution

不僅不內捲，還要反內捲

《牛津詞典》每年都會公布該年使用率最高的年度詞彙，如2019年為「氣候緊急狀態」（Climate Emergency）；而2020年爆發COVID-19，所有跟冠狀病毒相關的詞彙在當時快速迸發出來，《牛津詞典》官方無法準確定義該年的年度詞彙，因為它充滿以往從未看過的詞，但筆者認為2020年除疫情外，內捲化議題同樣倍受關注，所以「內捲」（Involution）應當獲選。

到了2021年全球仍然深受COVID-19影響，《牛津詞典》年度詞彙為「疫苗」（Vax），也就是「Vaccination」（疫苗）縮寫。至於2022年，筆者大膽斷言年度詞彙非「反內捲」（Anti-involution）莫屬，因為是時候跳離無謂競爭，走向嶄新人生了！

正視內捲，理性競爭，直球攻擊

「丞相起風了！」赤壁之戰諸葛亮借東風，讓風向變為東南風，火燒連環船，成功擊敗曹操的三十萬大軍；而現在的情況亦同，在內捲形成一股社會現象飽受詬病時，終於有人跳出來矯正大眾的價值觀，默默颳起一陣風。

令人出乎意料地是，率先做出改變的還是一度強調「狼性文化」（指將狼野性、殘暴、貪婪、暴虐的特質轉化為一種拼博的精神，並應用在事業上）的中國網路公司——騰訊光子工作室。該集團試行不加班不雙休的規定，員工必須在晚上九點前離開辦公室，跳脫故有

的加班文化，重新塑造工作氛圍和風氣。TikTok 母公司字節跳動也宣布取消「996」、「大小周」（指一個星期只休息一天，隔周休息可周休二日）加班制，雖然有部份員工不滿取消加班使得薪水變少，但輿論普遍對此拍手叫好。

各大企業紛紛做出措舉來「反內捲」，但究竟能否改善現今過度競爭的局面尚不可知，可知的是反內捲浪潮正席捲社會，從內捲走向反內捲，背後折射的是多個產業的變化和上班族們自我意識的覺醒。

台灣則是政府提出「一例一休」的政策，強制打擊不當的工作制度，全面落實周休二日。使所有勞工每周可以有足夠的休息時間，以及可以彈性加班的空間，等於是變相改善過度競爭下的內捲加班現象。

但在反內捲前，要先正視內捲這個問題，了解自己是因為什麼而導致內捲，才能知道自己要做些什麼來應對。

其實內捲就好比是一場對有限存量的博弈，早期農業社會投入大量勞動力，試圖讓總產量增長，沒想到反而讓邊際效益遞減，形成一種「沒有發展的增長」，同樣的行為若放到現代來看，就變成一種惡性的無效競爭。

以現在的學習風氣來說，其實就過度偏向於惡性競爭，早年七、八〇年代的學生們很少會去補習班，家長也不會主動想說送孩子們去課後輔導，但那時期的孩子出社會後照樣能夠青出於藍而勝於藍，擁有一番成就。可是現在不同了，現在下課後沒有去安親班、補習班的小孩少之又少，家長們只怕孩子少學，不會認為學太多了！若你問家長：「這樣孩子不會吃不消嗎？」他們可能會回：「我也不想，但其他家長也都這樣，如果我不讓他多補一點，就跟不上其他人了。」

且現今工作機會和求職者數量呈反比，就業機會相對較少，而企業為尋求到真正適合公司的員工，徵才條件日益提升，以剔除絕大部份的不適任者。在如此嚴苛的條件下，大家只好不斷拼命考取證

照或是向上研讀，取得高學歷，以符合企業基本的求職門檻，久而久之社會便形成碩、博士滿街跑的現象，大學學歷也不再具有優勢了。

所以你說為什麼現在的人會越來越捲？筆者想光從這兩點就能充分做出解釋了，除人云亦云的從眾心理在作祟外，再者就是對存量的爭奪戰，在市場份額固定，但增量減少甚至是毫無增量的情況下，大家不得不陷入一場莫名的博弈之中。

於是，在內捲化日益嚴重的情況下，只能不斷提升自己的競爭力，打敗其他人。可能會有人認為這是好事，員工的強大能讓公司日漸壯大，但對深陷內捲漩渦的人來說，就會覺得相當痛苦了，因為他們必須付出更多精力才行，且這些付出並不見得會有所回報。

好比你跟同事每天努力工作八小時就可以共同分食一塊蛋糕，但你的夥伴想吃更多，於是他就獨自加班，而老闆為了獎勵他加班，便多給他一小塊蛋糕。你知道這件事之後心裡不太平衡，於是也投入加班的行列之中，最後你跟他兩人變成常態性加班，老闆久了也習以為常，覺得理所當然了，所以你們還是共同分食一塊蛋糕。

這就是當今社會下的內捲現象，在資源有限的情況下，個體與個體之間激烈競爭，但在沒有增量的情況下，只會產生一個對所有競爭者都吃力不討好的結局。且這只是現象層面的表象，從本質上看，所有利益受損的參與者背後，一定會有一個獲利的第三方，若以職場來說，獲利的第三方即為資本家。所以，內捲化有很大一部份在於這個看不見的「第三者」。

馬克思主義理論強調生產過程中的勞資對立，但英國社會學家麥克‧布洛維（Michael Burawoy）發現一個有意思的現象，即製造業工廠的工人並沒有產生對僱傭勞動制度的反抗情緒，他們「同意並接受」資本主義所安排的工作指令。布洛維便研究這群工人們為什麼甘願努力工作？

在二十世紀六、七〇年代的西方資本主義工廠中，傳統的「工廠專制主

義」已過時了，單純依靠「強制力」已無法規範生產秩序。因此，自願性服從（Voluntary Servitude）應運而生。在田野調查的過程中，布洛維發現了資本主義掩蓋剩餘價值並製造對資本主義的「同意」的具體機制，即「趕工遊戲」。

趕工遊戲以激勵為重要手段，所有工人都努力趕工，以在這樣的「超額遊戲」中拿到更多獎勵和更高的收入，一旦參與到這種「遊戲」之中，主導工人相互競爭的「第三者」，即資本家就被遮蔽了，工人就不會質疑資本主義生產規則本身，反而會積極地在這種「遊戲」中取得一個更有利的位置。

儘管布洛維分析的是製造業工廠的內部狀況，但這種現象現在不管是在校園還是職場中都存在。因此也有人將內捲現象定義為一種趕工遊戲，就好比站上一台跑步機，所有人都在拼命地向前奔跑，但實際上他們始終停留在原地。

相比於製造業工人，白領的勞動過程更為分散化和個體化，因而相互之間的超額競爭也就更加激烈，比如 996 工作制就是一個典型案例。在培訓界同樣存在內捲，有句經典的話：「您來，我們培訓您；您不來，那我們就只能培訓您的競爭對手了。」筆者相當有體會呀！

可見，很多人都看到了問題的實質面，不然也不會有人先後出來反內捲，從本質上來說，被內捲者真正的敵人從來都不是參與遊戲的其他競爭者，而是在這個遊戲之外主導遊戲並從中獲利的第三方。

每個人的投入和付出越來越多，而收穫甚微，成就感得不到滿足，卻也不敢停下。這是一個滾雪球似的惡性循環，問題的癥結已經很明顯了，我不知道我要做什麼？別人都在這樣做，那我就得跟上。這是什麼？對個人認知的不清晰，所以只能人云亦云，但當大家都開始人云亦云時，內捲便產生了。

因此，要想掙脫內捲真正的可能性，就要正視內捲這個議題，質疑和挑戰

這個競爭本身，講求理性的競爭。所以當我們作為單一個體，想打破這種困境時，首先要做的便是認清自己、好好定位，思考自己到底要追求什麼樣的人生？能讓自己有所突破的利基又在哪裡？

就好比有人會義無反顧地辭職，覺得人除了追求事業外，也應該保有一定的生活品質；又好比有人雖然工作為 996 模式，但卻不覺得自己被捲進去了，因為他知道自己想要什麼，他找到自己的目標，因而能樂在其中，甚至將他視為一種正向的挑戰。

所謂的打破內捲、反內捲，並非不負責任的躺平，也不是一味地為反對而反對，而是在面對激烈競爭時，你有足夠的特殊競爭力（利基）能夠從容應對，並清楚知道人生除了無休止地學習與工作外，還能有其他更廣闊的天空，走出自己的道路，明白「我是誰」、「我要做什麼」。

就筆者之見解，其實很早之前就已有反內捲，好比知名作家梭羅（Henry David Thoreau）即是反內捲的先驅，他最著名的作品《湖濱散記》，記載了他在瓦爾登湖的隱逸生活，也就是現在所說的躺平，一種消極的反內捲；而另一作品《論公民的不服從》則討論面對政府和強權的不義，為公民主動拒絕遵守若干法律提出辯護，屬激進的反內捲。

超越內捲是你的使命

美國人類學家亞歷山大・戈登威澤，首次使用內捲化這個概念來分析一些僵化、衰敗的文化模式和社會結構。而美國人類學家克利弗德・紀爾茲在《農業的內捲化：印度尼西亞生態變遷的過程》中，借用戈登威澤的內捲化概念，

來研究爪哇的水稻農業，思考為什麼農耕社會長期沒有較大的突破。

農耕經濟越發精細，你可能會想說若在每（土地）單位上投入的人力越多，產出也會相對提高，可實際上增加人力所提高的產出，其實只夠該人力本身的溫飽，也就是說你多付出的成本會跟收益相抵消，因而形成一種平衡狀態。這種把更多的勞動力投到一個固定產業裡，不斷重複簡單再生產，而非尋求產業升級（如工業）的現象就叫農業內捲化或過密化。

內捲，本意是指人類社會在一個發展階段達到某種確定的形式後，停滯不前或無法轉化為另一種高級模式的現象，如今不僅是網路科技業，在教育業甚至整個社會都已經陷入內捲的泥沼。

尤其近年內捲被廣泛使用，反映出世界各地的人們在社會和經濟的流動性、流通性因為種種原因下降後，找不到更大的發展空間、交往空間、融入空間，陷入困惑、苦惱、無助感和邊緣感。內捲化狀態大致有這樣一些特徵。

◎ 成長和發展出現瓶頸，經常感到壓迫，又無法衝出。

◎ 簡單重複自我，感覺不到存在感和價值。

◎ 人際關係匱乏，或在交往中有乏力感。

◎ 組織內耗，每個部門都很努力，但往往是互相抵消彼此的努力。

◎ 對外的肯定性、包容性、接納性下降，負面情緒和敵意上升。

人不是可以二十四小時啟動、永遠不知疲倦的機器，每個人在某種程度上

都有內捲化的危機。好比筆者這樣寫書的人,有些作者也經常有內捲的無力感,不知道要寫什麼和能寫什麼,心中也有短期和中長期的焦慮,擔心不符合讀者的期待。

譬如五十年前很多人家裡沒有電視和自行車,一旦有一戶人家買了電視、自行車,炫耀和比較心態便會在街坊鄰里的心中滋長。現在已經沒有人炫耀自行車、電視機了,那就從其他方面做比較,大學畢業五年比自己;畢業十年比家庭;畢業二十年比孩子,形成一種病態式的較量心態。

為何現代人越來越愛「比較」呢?筆者想這或許與當下資訊傳播分享途徑的豐富和快捷有關,以往受限於技術發展,人們只和周遭的人暗暗較勁,沒有這麼多機會及時迅速地了解、回饋與傳播個人資訊,大家不知道你在「比」。但隨著社交媒體的逐漸豐富,人們比較的距離與物件都發生了變化,LINE、FB、IG……認識或不認識的人、群體內外的生活,都成為你心中默默比較的對象。

有個團隊曾做過一個有趣的研究,發現人們普遍覺得他人比自己更在乎「內捲」、更容易做比較。例如當老闆和員工說:「公司有一個比較趕的案子,有誰自願要接?」這時「捲」的人就站了起來,開始風風火火地行動,「佛」的人坐在那兒繼續默默做自己的事情。「捲」往往會體現在行動 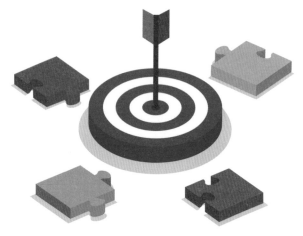 上,人們更容易注意到舉手說「選我」、做出行動的人,忽略那些埋頭不動的人,久而久之大家就會感覺周圍人都很「捲」,社會很「捲」。

筆者想正是因為人的選擇性注意,使他們忽視了佛系的人群。或許人們並沒有相較於上一代更愛比較,只是在技術、社會與媒體對內捲現象的推波助瀾下,感受到更激烈的內捲洪流。

就個人層面而言,你理想中的生活,與現實中大眾認知的生活方式一樣嗎?

如果不同，你選擇了哪個？相信許多人還是選擇了後者。但唯有正視自己的使命追求，才能找到並實踐真正適合自己的路，以避免陷入內捲漩渦。

這讓筆者想到兩個故事，第一個故事是《偽魚販指南》的作者，他出身魚販世家，從小書就唸得不錯，大學還是讀交通大學，但最後仍投身賣魚市場。別人問他：「都讀到交大了，為什麼要去賣魚？」他父親卻說：「反正要賣魚，書幹嘛讀那麼高？」提到交大，職業應該大部份會跟工程師連結在一起，但他最後選擇賣魚。選擇沒有對錯，只關乎那是不是你想要的。

第二個是墨西哥漁夫跟美國商人的故事。有一個美國商人去墨西哥度假，發現墨西哥漁夫隨手就能捕撈到好幾條大黃鰭鮪魚，便問他平時都在幹嘛？漁夫回：「每天都睡到自然醒，捕幾條魚到市場賣，然後回家陪老婆小孩，再跟哥兒們鬼混、喝酒，非常充實。」

美國商人建議墨西哥漁夫應該多捕幾條魚，然後買幾條大船，組織自己的船隊，搬到美國建立自己的企業，賺更多錢。墨西哥漁夫反問：「然後呢？」美國商人回：「就可以在墨西哥買間別墅，每天都睡到自然醒，好好陪老婆小孩，放鬆自己。」墨西哥漁夫說：「那不就是我現在在做的事嗎？」

就企業層面來說，了解自身使命，可以避免走入競爭的死局，才不會落入「寧可累死自己，也要餓死同行」的局面，轉而邁向賽局的活路，在賽局思維裡，雖然也有競爭對手存在，但目的不在於致競爭對手於死地，而是要組合出適合自己的路。

這就像賽門・西奈克提的黃金圈理論，先問「為什麼」，找出自身的使命後，再問「如何做」跟「做什麼」。

深圳寶安有一個以直播帶貨、數位經濟新場景等為主題的園區「智美・匯志產業園」，園內有一間主打「收納」的店家，可以請「整理收納師」到

家中幫你診斷儲物空間，透過合理的空間規劃和處理解決衣物亂堆的問題，衣物歸類後會協助折疊整理，再放入收納空間。整理後客戶就能清楚知道哪一類衣物已經足夠，避免重複購買。

現在有太多新職業，專業分工越來越細。比如家裡衣服到底有多少件？估計大部份人都不清楚，只知道堆得越來越多、越來越亂，因而催生收納師這個職業。一名專業的整理師，可以同時運用收納知識、空間規劃、風格判讀、色彩學、心理學等多項概念，在短時間內用系統化的方式，幫助客戶依照個人生活習慣、空間動線等需求，打造出美好舒適的生活環境。

不曉得你有沒有發現一個現象，一間公司的新業務若是老闆沒有過多干預，而是由員工集思廣議討論、推動的，這間公司會較有前途。但如果所有東西都在老闆腦中，全靠老闆推動，那就可能沒什麼前途。

很多企業的問題，是老闆的思維內捲，過於僵化，腦中「過去／未來」的比例越高，就越是被過去束縛、落入窠臼之中。反之，企業就越有希望蒸蒸日上。

在這個不斷變化的時代，分散式的創新比中心化的驅動要有效得多。中心化就容易內捲，去中心化、分散式，就容易帶來新的可能，因此我們要具備去中心化的思維才行。

內捲化是全世界都會長期面臨的問題，若想打破內捲的約束，就要具備永遠開放的態度，需要像史蒂夫·賈伯斯（Steve Jobs）所說的「求知若渴，虛心若愚」（Stay hungry, stay foolish），以及更多的嘗試、探索以及容錯，並有和外部世界更多的建設性互動，更要有像馬斯克式那天馬行空的想像力和熱忱，如此才能開創新局。

美國杜克大學醫學院一位教授參加騰訊科學 WE 大會（騰訊一年一度的全球科學大會，邀請數名全球頂尖科學家同台演講，WE —— Way to Evolve）時說，人類對於腦機未來的暢想是一種「巨大的快樂與敬畏」，這種情感可以與五百年前麥哲倫帶著船員在危及生命的漫長旅行結束時，成功繞行地球一周時所產生的情感相提並論。

《自由秩序原理》裡寫到：「一種文明之所以停滯不前，不是因為進一步發展的各種可能性已被完全耗盡，而是因為人們根據其現有的知識成功地控制了其行動及當下的情勢，以至於完全扼殺了促使新知識出現的機會。」可見「闖」與「創」才能打破內捲，內捲絕不是我們的宿命，應將超越內捲視為自己的使命。

 ## 逃離內捲漩渦，創造獨角人生

升學制度、加班文化、削價競爭……讓人像是在原地自轉不停的陀螺一般，一停下來便倒地，所以唯有創新、反內捲，跳脫內捲效應，才能突破困境，脫穎而出。從某種程度上說，價值前凸就是對未來的準確預判，透過這種精準的預判，可以對某些未來可能需求高漲的領域提前布局，利用超前的產品來啟動消費者的潛在需求，從而佔據市場先機。

換言之，懂得創新的人不是迎合時代，而是在創造自己的時代。從這個角度來說，不是作為消費者在享受創新的結果，而是創新者藉由不一樣的產品和服務，引領世代的消費和生活習慣。

以速食業來說，目前速食市場已趨飽和，有的競爭優勢是服務品質，有的競爭優勢是獨特環境，也有的競爭優勢就是極致單品戰略所帶來的優質體驗。

消費者會因為服務而滿意，也會因為環境而傾心，但餐飲業發展到最後，比拼又會變成產品的品質，同樣陷入內捲漩渦中。

傳統西式速食的定位具體，麥當勞等於大麥克漢堡、肯德基就是吮指回味的薄皮嫩雞，基本上都將鎂光燈聚焦在「產品」上，強調產品的品類、口味、形式等，這就是「產品為王（Product Leadership）」定位方向。這在競爭單純的初期市場確實是絕佳策略，因為主打品類及明星商品更容易讓消費者記憶與聯想，從而幫助品牌取得市場領先地位。

然而，隨著越來越多的競爭者加入戰局，市場漸趨飽和的情況下，再難找到能佔據品類，劃地為王的空間；同時，隨著經濟發展與生活型態的轉變，速食高熱量、高脂肪、高蛋白的「三高原罪」，以及包括回鍋油、基改、禽流感、萊豬等食安疑慮，也讓健康意識逐漸抬頭的消費大眾望而卻步。在台灣市場稱霸多年的速食龍頭麥當勞也因此不得不改變運營方式，改以區域授權模式經營。

麥當勞不是唯一受到衝擊的速食業者，對速食業的諸多討伐也絕不僅止於台灣；事實上，全球速食業者都正面臨著嚴峻的市場挑戰，所以業者必須跳脫過往傳統「產品為王」的定位方式，從新時代消費族群的邏輯出發，了解他們的需求與渴望，並設法用他們覺得酷的方式，將價值主張傳遞給他們，且這並非一昧迎合消費者的需求，因為消費者通常說不出自己要什麼；因此我們必須察其所需，投其所好，給他們超越期待的驚喜！

筆者不是餐飲業專家，但試著以消費者的角度出發，舉出幾點創新的方向。

① 口味國際本土化

速食一詞源自西方，最早是指以油炸、煎、烤等可快速烹調與供應，且通常不需使用餐具，可徒手拿取、快速食用，也方便外帶及外賣的食品，如漢堡、

炸雞、薯條等。但其實可以依據當地消費者口味與心理來推出創新產品，只要守住「食品工藝標準化」的快餐本質，無論西式或本土化都不過是名詞而已，一旦能抓住消費者的眼球及口味，再怎麼跨界也不為過。

② 環境休閒餐廳化

隨著全球「快速慢食（Fast Casual）」風潮的興起，業者可以從產品及餐具包裝、門店環境的裝潢用料及傢俱選擇，到服務流程等都有講究，從追求效率及標準化的「速食店」，蛻變為講究服務與客製化的「休閒餐廳」，更重視新鮮安全的食材、透明化的製程，以及輕鬆舒適的用餐環境，滿足當代消費者對健康、舒適及個性化的用餐需求。

③ 服務科技智慧化

隨著網路、智慧型手機、第三方支付甚至是區塊鏈等科技的興起，智慧科技已經徹底改變了人類的生活方式，餐飲當然也不能例外；為了更好地應對這波浪潮，業者可以思考智慧型門市，導入掃描 QRcode 或觸控點餐的智慧型點餐系統，同時也讓消費者 DIY 屬於自己口味的個性化餐點。

近年在區塊鏈與元宇宙 NFT 的熱議下，米其林國際名廚江振誠推出業界首創「可以吃的 NFT」，這 NFT 不僅可以拿來在江振誠素有「全台最難訂位的餐廳」之稱的名店 RAW 中，享有優先訂位權乙次，還可以讓同行者在餐廳中加購兌換專屬料理，對美食饕客而言，吸引力極高。

用餐過程中，前面大部份的用餐體驗都跟平時相同，上到最後其中一道名為「Pomme et Terre」的甜點時，服務人員會協助戴上 VR 頭盔，接著觀賞一

段講述食材故事的 VR 影片，最後會有一顆蘋果掉落到桌上，拿下 VR 頭盔後，影片中的蘋果由虛入實幻化成眼前餐盤上的甜點，打造出前所未有的用餐體驗。

價值前凸式的創新，除了能夠透過產品或服務吸引消費者外，在科技發展方面也具備引領作用。在很多技術領域，都是個別企業或個別人的超前發展帶動了整個行業的進步。以前的人藉由書信溝通，後來有人開始投資電話；我們還在享受電話帶來的便利時，已經有人在布局網路產業；當我們進入網路時代，又有人先我們一步，開始向行動網路領域進軍；而現在區塊鏈元宇宙和 Web3.0 時代即將到來，在思考如何創新時，也應將思維投放到區塊鏈領域之中。

討論到這，相信大家對於價值前凸這種創新的思維方式已經有了充分的認知。只有價值前凸，對未來形成準確的預判，才能做出創新。只有做出創新，人類才會按照提前布局的方向去發展，你才能獲取更多的收益。

不過，企業雖然需要價值前凸的超前預判去進行破壞性創新，但同時也必須保證趨勢或熱點是可以被消費者和市場所接受的。簡單來說，就是你可以領先於人類，領先於市場，但是不能走得太遠，否則可能曲高和寡，即便創新成功，也很難得到市場的認可。

電影《頭號玩家》相信很多人都看過，影片中利用 VR 虛擬實境技術向觀眾呈現一場震撼的視覺盛宴。一提到 VR，很多人都認為這是一種最新的高科技，其實早在二十世紀八〇年代中期，就有很多企業意識到虛擬實境是遊戲產業未來發展的趨勢，但

早期的軟體技術也不具備承載虛擬實境內容的能力，再加上螢幕解析度低，因此畫面十分不穩定，使用者甚至會出現頭暈和噁心的症狀，VR 因而沒能發展起來，一直到現在元宇宙概念推出，VR 再度被提出討論，且現在技術已不同以往，擁有基礎能力強大的硬體和處理能力極強的軟體，才讓越來越多公司重新回歸虛擬實境遊戲領域。

類似的情況還有九〇年代推出的網路電視（Web TV），當時有公司意識到電視和網路可以結合在一起，微軟還花了五十億美元收購一間網路電視公司。儘管研發出的產品實現了網路與電視的連接，但當時的網路應用技術尚未發展到相應的水準，很多網路上的內容都無法在網路電視上呈現，使用體驗很一般，沒有在市場上掀起太大的浪花。

現在幾十年過去了，技術大幅提升，網路電視又重新登場，數位機上盒推陳出新，更有 YouTube、Netflix 和 Disney＋等影音串流平台先後推出，徹底改變了電視產業，逐漸取代普通電視成為主流。

價值前凸是好事，透過超前的準確預判完成破壞性創新，足以打破桎梏，從內捲漩渦中逃出來，但你預判的眼光又不能過於長遠，如果創新的方向超出當前行業所能承載的極限，那即使你的方向正確，設計出來的產品也未必能達到預期，且超出認知太多的產品，往往也會讓人難以接受，就如晚清時期的人以為照相機是用來吸魂的工具。

任何事物都有自身發展的極限，創新者雖然創造時代，但創造出來的事物能夠被人們所接受才是重點，所以講求創新的前提是不要好高騖遠，凡事只要領先半步，就足以讓消費者感受到新鮮與驚喜。

除創新外，筆者想聊一下另外兩個觀念。

首先是長期主義，做難而正確的事情並堅持下去。何謂難而正確的事情？試問減肥難不難？減肥這件事確實很難，但擁有良好的體態和飲食習慣，對自己的健康大有幫助，所以這就是一件難而正確的事情。

　　又好比學習，對有些人來說，學習可能是簡單的，因為這是他的興趣，可是對有些人來說卻是吃力的，但學習這件事可謂百利無一害。再比如創業，雖然困難，但只要能堅持下去，那就是你的。正如林偉賢老師常說：「進入的夠早，堅持的夠久。」

　　而就是因為難，一般人可能會做不到，所以若能堅持下去，你的路便會越走越廣，自然也能夠跳脫始終在原地踏步的內捲競爭者們。筆者試舉奉行長期主義的 Amazon 創辦人貝佐斯（Jeff Bezos）為例。

　　一般傳統零售業的毛利約為 30%，而沃爾瑪將毛利壓到 20%，Costco 則將毛利大幅壓到 7%，讓利給消費者，看到這你可能已經覺得 Costco 很不可思議了，竟然能如此佛心，但你萬萬沒想到的是，Amazon 的毛利率為 3 ～ 4%。

　　貝佐斯認為，消費者不管在哪個年代，都想用最便宜的價格、最快的效率，買到高性價比的產品，Amazon 便透過這種方式，吸引更多的用戶，因為有更多的用戶，所以 Amazon 可以整合更多的供應鏈；因為有更多的供應鏈進來，消費者就可以買到更多的產品。在如此操作下，Amazon 的消費者跟供應商的基數多了之後，他就能擁有訂價權，因為人人都想和他合作，都會想到他的平台上買東西，成就了一個良性的增長，也因而形成增長飛輪。

飛輪是一種重型的旋轉輪，當靜止時需要花費許多精力才能使其轉動，但當它找到動力時，將會越轉越快。最終結果是飛輪轉動後能夠用更少的力氣，達成更有效率的運動。因此，Amazon 也將「飛輪效應」稱為「良性循環」，它是一種向平台生成流量的實施方法。

　　筆者再舉一例，相信大家都知道 Netflix，甚至都在這個影音平台上看過影片，Netflix 提供強大的影音串流服務，深受消費者喜愛，但你知道其創辦人里德‧海斯汀（Reed Hastings）曾被媒體評選為最爛的老闆嗎？

　　試問最早影片產業是怎麼發展起來的？最早是由一間家庭影視娛樂供應商百視達，透過購買電影版權製成 DVD 光碟，成為擁有上千家門市的電影出租巨頭。之後隨著科技發展，人們對網路的使用量越發龐大，從 PC 到行動裝置，也促使影音串流平台的崛起，也就是筆者現在要討論的 Netflix。

　　Netflix 在 1997 年成立，最早是一家從事實體業務的網路媒體公司，以單片收費，改成訂閱吃到飽的方式，透過網路讓用戶選擇要租什麼電影，再郵寄 DVD 給用戶，每月付不到二十美元，也就是看得越快就能看得越多、越划算，以一種全新的服務模式，打敗百視達。

　　但「在家看電影」這個市場也有著許多競爭者，包括有線電視等，那可不是郵寄 DVD 就可以取代的。Netflix 的優點是可以選擇自己想看什麼，而有線電視的優點則是打開就有得看，這兩種模式實為互補，當不知道想看什麼的時候就打開有線電視，若有想看的電影，就上網到 Netflix 租片。這時 Netflix 便想，為什麼我不能兩個都做？且未來又是以網路為主的時代。

　　於是 Netflix 二次轉型為網路串流平台，不過 Netflix 也知道光改變「通路」是不行的！很多人都以為進了一個新通路，就等於成功了，但真正會掐住你脖

子的可能不是通路，而是供應商。

Netflix 意識到電影的片商恐怕才是真正的大魔王，不管是租片或串流，若沒有貨源，空有通路也沒有用，所以 Netflix 手上有資本之後，就開始進行投資，買斷小型片商作品的發行權，結果讓原本的劣勢轉變為優勢：以前擔心自己只有通路沒貨源，現在越來越多的貨源，還只有自己這個獨家的通路。

而且 Netflix 的另一個優勢便是網路平台，比起傳統片商對觀眾的喜好是憑經驗然後用猜的、用賭的，Netflix 讓數據說話，然後自己出資拍攝影集和電影，成為內容生產者，自己經營自己的 IP，一路走來遇到許多困難，因而必須不斷轉型，但最後也獲取成功。

最後，筆者想總結一下長期主義，相信只要做到以下幾項，就能成功反內捲。

◎ 勿誤判：高估了自己一天的能力，卻低估了時間的力量（短視近利）。

◎ 懂得運用時間的複利去做難而正確的事情。

◎ 進入的「夠早」；堅持的「夠久」。

◎ 起點有多低不重要，重要的是我們有沒有每天在進步。

◎ 這個時代不是比誰大、比誰強。

◎ 而是比誰進化的能力更快、學習的能力更強。

◎ 這時代的大企業都可能被挑戰，小蝦米已可能擊敗大鯨魚！

◎ 小企業也可能有逆襲的機會。

◎ 隨時學習、不斷進化才有反內捲的機會。

反內捲的方式還有破局，擁有跨界能力，懂得轉換跑道，最後則是斜槓，具備反脆弱性，後面都會詳細討論。

找出「利基」，找出反內捲決勝點

1954 年，心理學家費斯汀格（Festinger）提出社會比較理論，指出人類都希望能夠準確認識自己，這種內在的驅動力，推動我們評價自己的觀點和能力。當人們對觀點和能力的評判缺乏絕對標準時，尋找一個相對標準進行社會比較，便成為一種「與生俱來」的本能。

「比較式思維」是人的一種基本思維模式，它具有普遍性，在不同年代、不同年齡的人群中都存在，並沒有研究證明代際之間存在差異。每一代都會比較、都會捲，只不過比的內容和形式不一樣。因此，我們要回歸哲學的思考——我是誰，我要到哪裡去。只有清楚自身的能力和需求，才能在正確的位置上進行合適的比較，成為更好的自己。

 ## 你認識自己嗎，你屬於哪種人

內捲社會下你要做哪一種人呢？一般可將人劃分成五種不同的類型，分別是：一型、｜型、T 型、X 型以及 π 型，根據他們的能力、專長來判斷分類。下面將對五種不同類型的人進行介紹，讓你更了解自己屬於哪一種人，而又該如何調整、完善自己，找出或培養出屬於自己的「利基」。

「一型人」，橫的一畫顧名思義就是只有一條線，這類的人僅具備平直化的知識。譬如，在高中時我們都有學過國文、英文、數學、地理、歷史、公民、物理、化學、生物等科目，所有科目都學得還差強人意的人，就是「一型人」。

這類型的人沒有其他特別厲害的專長，他可能對所有知識都略有了解，看似學問廣博，但如果你細問一些問題，他們卻答不出來，因為他們所具備的學識是淺薄的，雖然都大概了解，卻沒有特別專精的領域，也沒有獨特的專長。這類的人可能善於吸收別人的精華，但沒有獨到的見解和思想，對知識的掌握

還侷限在理解階段。

因此，如果你屬於這類型的人，就要想想該如何完善自己，找一些特點來加強或學習其他專業，不然一型人在社會競爭中，很容易被取代，甚至是被淘汰。

第二種人是「｜型人」，也就是直線型的人，這類型的人，他們有一項專業或在某專業領域非常優秀，但其餘的就不求甚解了，甚至可以說其他學識都很爛。筆者從 1991 年到 2011 年間都在補教界教書，當時的合作夥伴就是創辦「飛哥英文」的張耀飛老師，我和他合作了二十年，一起共事多年，我非常了解他。

飛哥就歸類於現在介紹的「｜型人」，英文是他的超強項專業領域，但其他像數學、歷史、地理、物理、化學……等科目，他全都不在行，甚至是完全不了解。而且，雖然他是補習班的老闆，但如果你想跟他討論經營補習班的商業模式（Business Model，BM）等，那也是不現實的，因為他對這些不是那麼了解，通常都必須由我向他解釋，他就是典型的「｜型人」。

筆者自認為自己已經很會賺錢了，但他的平均收入是我的六倍之多，因為他的英文很強，所以能用這一專業成為補教界超級名師，建立自己的品牌——飛哥英文，使他的收入非常高，遠高於我！

如果將一型人和｜型人二種特徵結合起來，就是接著要談的第三種人——「T型人」。T型人是按知識結構區分出來的一種新型人才類型，用字母「T」來表示他們的知識結構特點，「—」表示具有廣博的知識面，「｜」則表示知識的深度；這類型的人不僅在橫向上具備廣泛的知識修養，在縱向的專業知識上，對某特定領域也具有較深的理解能力和獨到見解。

　　簡單來說，Ｔ型人從小學、國中、高中，到大學，每科成績的水平都很不賴，但也可以找出一個很強的科目來發展。

　　Ｔ型人若再進化就會成為「π型人」，也就是你擁有廣博的知識，又有二門特別強的專業，筆者自己就是以π型人作為人生目標。世界上當然也有更厲害、更棒的人，擁有二到三個專長，他的人生充滿著希望，但為什麼會充滿希望呢？在這裡，我要糾正你一個觀念，很多人都認為要不斷「補強」自己的人生，其實這是錯的。大家通常都誤會了人生這件事，總認為將自己不懂、較弱的部份進行補強、改善，人生就能產生改變，有新的方向；但我要告訴你，錯了！若你一直這麼做，你的人生是不會改變的。

　　那到底該如何改變自己的人生呢？答案是，你必須把原本就很強的優勢變得更強，就像｜型人或Ｔ型人一樣，不斷加強你的優點或專業。如果你認為賺很多錢就是成功，那對你來說，飛哥他就是一位成功的人，值得你效法；他的英文超級強，即使已身為一名英文大師，他仍堅持每天晚上讀英文，其他學科或專業對他而言都不重要，他老婆甚至說他是個生活白癡，但他一點也不在意，還是只專精於英文及教學方法的研究。

　　所以請記住，若想改變人生、脫離內捲漩渦，並非不斷地把自己的弱勢加強，然後不停和其他人競爭，而是要把自己原本最好、最強的部份變得更強；這樣你才能在那個領域裡，贏過大多數的人，成為佼佼者，形成你自己的「利基」（Niche），跳脫內捲洪流。

　　再來是最後一種人——「Ｘ型人」，這類型的人一般較少人提及，但其實他們也是一個很必要的存在；Ｘ型人沒有廣博的知識，卻有二個很強的專業知識，也就是有二個直豎的專精，但缺乏橫向的部份。以筆者為例，筆者就是Ｘ型人的代表，目前共出版過二百種書，曾有間出版社邀請我寫一本有關於教人如何出書、寫作的書籍。

　　這本書順利出版後，某次書商到學校去推銷，有位老師看到作者的名字，就說：「這不是我的數學老師王晴天嗎？他怎麼會出教人如何寫作的書呢？」

你猜猜書商是如何跟那位老師解釋的？他們跟他說，王晴天老師屬於 X 型人，具有兩大專長，不僅在數學專精，閱讀寫作方面也是一等一。

所以，每個人都應該把自己的興趣、熱情加強再加強，讓專長成為你的利基（Niche），如此一來，你才能贏過任何人。

	定義	優點	缺點	建議
一型人	無特定的專長，對基本知識都有一定了解，但僅限於淺薄面，無法提出較深入的見解。	對基本知識具備一定的了解，所以能做出基本判斷，可再另外尋求事業上的協助。	學識面較為淺薄，無法有效發揮，需要依靠他人的協助。	從原有的知識層面中，找尋出較有興趣的部份與熱情之所在，深入學習及加強，向 T 型人邁進。
I型人	指在某個專一領域中具有專精技術的人才。	通常是此領域中的佼佼者，不容易被取代。	當大環境與趨勢發生驟變時，其專業能力可能遭到淘汰。	除不斷加強原有專業外，也可試著朝其他相關領域或工作，找出其他興趣發展，向 X 型人生拓展。
T型人	在橫向上具備廣泛的知識修養，在縱向的專業知識上，也具有較深的理解能力和獨到見解。	可結合橫向知識層面，有效發揮原有技能。	當大環境與趨勢發生驟變時，可能較難找到第二舞台發揮專長。	除專一特長外，可再向外擴展相關技能，朝 π 型人發展。
π型人	指至少擁有兩種專業技能，又懂得領導、管理知識的人；其博學多聞，是能融會貫通的高級複合型人才。	精通雙專業，且其他知識也很廣博，能充分運用。	因具備較高的學識及專業能力，所以較不易於與別人合作，無法與他人的專業互相整合、發展。	可試著整合自身兩種專業能力或發展第三專長，並多跟他人相處、擴展彼此的專業能力，創造雙贏。
X型人	掌握兩門專業知識，這些知識之間又具有明顯交叉點，能將其結合的人才。	精通雙專業，且中間有交點，可將兩種專業進行整合。	僅精通個人專業部份，對於其他知識較淺薄，所以競爭力可能稍嫌不足。	適合做兩種專業交叉結合的工作，可發揮綜效。

一般人都會以Ｔ型人為目標發展，有廣博的知識層面，又具備某領域專業的技能。但現今社會競爭激烈，倘若你只以此為目標，在競爭中雖不至於被淘汰，但仍有可能在起跑線上輸人一截。

鴻海董事長郭台銘曾說：「一步落後，步步落後；一招領先，招招領先。」世界拓展教育至今，台灣政府所賦予大學的職能，主要是培育學術與高級專業人才，不僅提供高階的知識傳授，也根據其專業科目進行深入的專業化教育。但通常都會根據世界趨勢的發展，並對各行各業的人力需求進行評估，學校再依照各市場需求，為學生規劃相關的專業化課程；而學生畢業後，能直接按其專業方向「對口就業」，體現高等教育的基本運作。

但科技發展快速，市場上多重學科交叉整合、綜效型的需求日益增強，當今任何產業，無一不是多學科交叉、整合才得以穩固並發展起來。因此，光靠學校主觀性的評估已不足夠，所謂計畫往往趕不上變化正是如此。

假設一名學生剛進入大學就讀時，其選擇的科系在市場上可能一片看好，市場需求很高，但距離這名學生畢業還有四年的時間，誰能保證他畢業後，市場結構仍跟入學時一樣呢？沒有人能準確預測出未來發展的動向，因此，如何培養出高優質的「複合型」人才，滿足市場趨勢發展的需要，是每個人都該思考的課題，以促成高等教育更深層次的變革。現今已有許多國家的教育界紛紛摒棄專業化教育模式，將高等教育轉移到提高國民整體素質上，思索著如何實施複合型教育，以泛出綜效，而不是一群人盲目地競爭，不斷被捲進去。

二十一世紀是資訊爆炸、知識經濟的時代，隨著經濟全球化、技術一體化及國際化的浪潮不斷加劇，未來最受市場歡迎的人才應當要是一專多能、多專多能，不僅專業和知識要能夠複合，對綜合能力的要求也較高。因此，Ｔ型人已不能滿足現今的市場需求，唯有複合 π 型人才能受到歡迎；所以，你更應將自己進化成 π 型人，而非僅僅滿足於成為Ｔ型人。那又該如何讓自己成為 π 型人呢？《π 型人—職場必勝成功術》書中，有大致提出成為 π 型人的五個具體建議如下：

① 充實基本知識

懂得各領域的基礎知識，才有足夠的能力學習更高階的知識。唯有先用基礎知識建立起穩固的地基，你才能搭蓋出高聳入雲的專業知識大樓，進一步向外拓展，形塑出綜效。

② 精通第一專長

切勿一次學習過多的專長，若在技能尚未充實的情況下，就一味地接收新資訊，不僅得不到效果，還可能造成反效果。所以，應該先加強原本就很強的部份，不斷精進，如同前面提到的飛哥，他雖然英文能力已經超越很多人，但他仍不斷進修，加強自己的英文實力，大量閱讀各類字辭典以增加英文單字量，追求強還要更強。因此，你要徹底熟悉已頗專精的知識與技能，並深入理解該專長的重要概念與內容。

③ 學習第二專長

你可以透過一些進修課程或公司提供的研習課程，例如：社區大學、學分班、智慧型立体學習培訓系統……等，來學習並訓練你的第二專長，為自己帶來更高的附加價值，讓你在市場中不被淘汰或輸人一截。

④ 貫通兩大專長

當你已有兩個專業技能後，除了不斷精進外，你還要想想兩者間有什麼可整合之處？就如同 X 型人，他們也具備著兩項很強的專業，雖然不像 T 型人具有廣博的基礎知識，但他們卻能將這兩項專業結合，找出更大的市場；更何況你擁有比他更廣博的知識，你絕對有能力找出兩者的共性，充分地融會貫通，甚至找到兩者的共通點與互補處發展成為你的第三專長。

⑤ 尋找發揮舞台

當你具備專業技能後，要有足夠的舞台讓你發揮，所以不管你是自行創業的獨立個體還是在企業裡上班，都要積極尋求機會，向外擴展尋求更大的舞台，爭取更有挑戰性的事務，讓自己的長才能夠發揮，成為亮眼的一顆星，跳脫於洪流之中，發光發熱。

日本著名管理學家大前研一就是「π 型人」的代表人物，他在麻省理工學院時獲得核能工程博士學位，後來進入麥肯錫管理諮詢公司，成為日本分公司總經理、亞太地區董事及總公司董事。而他在 π 型中的第一專長是工程學，第二專長則是經營管理；雙專長的優勢使他在企業管理顧問的工作上無往不利，且洞悉事理的過人能力，也造就他日後成為管理大師及暢銷財經書籍的作者。

不用害怕被競爭的浪潮吞沒，而逼迫自己沒有目標的努力，其實只要具備多樣化的能力，便能在市場中找到屬於自己的立足點，也就是你的利基，因此，你不能僅滿足於 T 型人，更要以 π 型人為目標。

人才類型架構圖。

何謂利基？

要想反內捲，主要關鍵在於你是否具備利基？利基是英文名詞「Niche」

的音譯，Niche 起源於法語。先前筆者在〈借力與整合的秘密〉的課程中，有邀請一位重量級貴賓──劉毅老師，他是補教業的超級名師。我請他上台跟學員們解釋什麼是「Niche」，但他當下並沒有解釋出原意，這是可預期的結果，因為這個字詞源自法語。

法國是信奉天主教的國家，英國則是基督教為主，而美國最早屬於英國的殖民地，所以英、美兩國都是基督教國家。基督教是經由宗教改革演變出的新教；天主教是舊教，法國、西班牙、葡萄牙以及義大利這些國家它們主要都信奉舊教。

舊教地區的住家門外會有一個地方用來放置聖母瑪麗亞的雕像，而這個擺放的位置就叫「Niche」，之後這個說法衍生為佛像的位置；印度因為受到歐洲強國先後的殖民統治，所以當地人也將每個人的位置稱為「Niche」。

如果有一天，你到敦煌石窟（甘肅西邊，接近新疆）、雲岡石窟（山西北邊，近蒙古）這兩個地方遊歷，你心中可能會有一個疑問，為什麼這兩個地方有這麼多石窟？

這是因為古代商人走西域或絲路，前往蒙古或西域做生意時，都會經過這個地方，然後向這裡的菩薩祈求說：「請菩薩保佑！我出關做生意若能賺到大錢，一定再為祢雕刻一尊更大的佛像。」之後，不管是賺大錢還是賺小錢，商人們都會刻個佛像感謝菩薩的保佑；所以，那邊自然而然就有幾萬尊佛像，石窟也因此越來越多。

這也代表過去中國在西域、蒙古經商賺

錢的人很多，我們可以從中看出歷史刻痕，但時間久遠，難免偶爾會有尊佛像掉下來，這時就要把它放回它原來的位置（Niche），每尊佛像都有它應該存在的位子，因此 Niche 又衍生為人一生所存在的位置。

在現今社會激烈的競爭當中，你也要有屬於自己的位置，而不是看著別人向前跑，你就跟著向前跑。但你的位置該從何而來呢？你又要如何坐穩這個位置呢？自然得從你的核心競爭力下手。通常一般人總會有某個領域特別強，不管你特別會跑，特別會跳，還是特別會唱歌，一定有一個較為突出的特點，如果你真的沒有特別強的本領，至少要有相對強的，不一定要絕對強！

倘若你實在不知道自己的利基點在哪裡，不妨去摸索一下，看看有哪些事物是你有興趣且有可能鑽研的，如同上節所提到，一個人總要想辦法去找出自己的特點，才不會輕易被淘汰。利基需要你自行創造、強化出來，它不一定是你與生俱來，更不可能是天上掉下來的禮物，仔細想想自己有哪些利基，萬一都沒有，那就去培養！

其實「利基」簡單來說，就是所謂的核心競爭力，指個人能以自身的知識技能為基礎，能不斷學習，創新並整合可利用的資源，為公司或個人帶來利益，且不易被競爭對手仿效，具有持續競爭優勢的特性；其目的就是要增強個人的競爭優勢，讓別人無法取代自己，成為某領域的第一名、佼佼者，與他人的比較根本不足為懼，自然不怕被捲入其中。

找出穩固自身核心競爭力的方法。當然，你也可以參閱筆者先前出版的書籍，像《改變一生的演講力》，就能讓你提升核心競爭力各大要素中的其中一項——對眾演講的能力；而我也會陸續開設課程，教導我的學員有關個人價值的提升以及成功的秘笈。

如果真的不能做到第一名，那你也要竭盡所能地讓自己更好，對自己付出的努力問心無愧才是最重要的。記著：沒有最好！只有更好！

相信每個人都聽過龜兔賽跑的故事，這個故事就跟筆者提的核心競爭力有著很大的關係。

第一場比賽……

某次，烏龜和兔子在爭辯誰跑得快，決定比賽分出高下，牠們選定路線後，就直接開始比賽。

兔子帶頭衝出，奔馳了一陣子，見自己已遙遙領先烏龜，便心想：反正烏龜爬得慢，可以先在樹下坐一會兒，稍微放鬆一下再繼續比賽。兔子便坐在路邊的樹下休息，很快就睡著了。

而一路上慢手慢腳爬來的烏龜，就這樣超越熟睡中的兔子，率先抵達終點，成為冠軍；兔子一覺醒來，才發現自己已經輸了。

第二場比賽……

兔子因為輸了比賽倍感失望，覺得十分不服氣，為此牠做了深深地反省。牠很清楚，之所以會失敗全是因為自己太有信心，過於大意、散漫；如果牠不要認為自己絕對是勝券在握，烏龜絕不可能獲得勝利。

因此，兔子再次向烏龜提出挑戰，烏龜也同意再比一場比賽。這次，兔子全力以赴，從頭到尾都沒停過，一口氣跑到終點，領先烏龜好幾公里，獲得了勝利。

第三場比賽……

這下輪到烏龜自我反省了，烏龜很清楚，按照目前的比賽方法，牠絕不可能擊敗兔子。於是，牠思忖了一會兒，然後向兔子再發出另一場比賽的邀約，

但這次烏龜提出要在另一條稍微不同的路線競爭，兔子也欣然同意。

由於記取第一場比賽的教訓，兔子要求自己從頭到尾都不能偷懶，牠飛馳而出，奮力奔跑。直到……看到一條寬闊的河流，而比賽的終點就在河的對岸，兔子呆坐在那裡，不知該如何是好，因為牠根本不會游泳。不久，一路姍姍而來的烏龜也抵達了，牠不假思索地跳入河裡，快速地游到對岸，繼續爬行，完成比賽取得勝利。

第四場比賽……

這一回，兔子和烏龜成了惺惺相惜的好朋友，一同進行檢討，牠們都很清楚，在上一場的比賽中，其實兩個都可以表現得更好。

所以，牠們決定再比賽一場，但這次是以團隊合作的方式進行。牠們一起出發，由兔子先扛著烏龜奔跑，一直跑到河邊；到河邊，則換烏龜接手，背著兔子過河，抵達了河對岸，兔子再次扛著烏龜，牠們一起抵達終點，並列第一！

且到達終點的時間比前幾次都要快，牠們內心都感受到一股強烈的成就感。

首先，牠們都在比賽中找出自己的劣勢跟優勢，並且強化了自己的優勢取得勝利，這就是筆者強調的：「你要不斷加強你的專業或是長才，唯有不斷強化你的利基，你才能強中更強，而不用擔心輸給周遭的人，不斷被捲進漩渦之中。」

而最後一場比賽，牠們選擇互相合作的方式來完成，這不就跟我們上節所提到的 π 型人有很大的相關嗎？π 型人雖擁有專業和廣博的知識，但這類的人卻缺乏與人合作的意識，若 π 型人能與其他人一同合作，互相擴展彼此的能力，那結果勢必會更加完美；就如同龜兔賽跑一樣，最後一場比賽的成果讓牠們喜不勝收，有著莫大的成就感。

當然，在提升競爭力的時候，也有一些策略方向是你可以參考的。

① 找準人生定位

人生定位的六大策略就是：價值觀導向；興趣與天賦相結合；市場細分；差異化（個性化）；不是第一，就是第二；結果思維。

② 提升內在

提升內在的方法就是學會自我控制、提升創造與創新能力，並且不斷學習。

③ 擴大外存

擴大外存的方法則是確認人脈資源，有效管理名單，隨身攜帶名片，並掌握人際交往的五大原則：要與人不斷交往；建立守信用的形象；提升自己可利用的價值；樂於與別人分享；學習關懷別人，把握每一個幫助別人的機會。

試想自己有哪些利基，像智慧的資源（獨到的想法或做法）、人力資源（天賦異稟或經驗豐富）、財務資源、人脈資源⋯⋯等等，如果這些你都沒有，那就趕快去培養，循著你的興趣、嗜好去尋找，充滿熱情地去建構。

人類大腦的運作通常具有一種慣性：即對第一名的印象都非常深刻。任何冠有「第一」的事物，總能被我們輕易地記住，而其餘無法列入排名的事物，則很難留下深刻的印象。比如世界第一高峰、世界第一長的河流、第一位登陸月球的人⋯⋯等等，大多數人都能脫口而出。但若要問起世界第二高峰、世界第二長的河流、進入太空的第二人，你可能就答不出來；而這就是第一與默默無聞的區別。

因此，做就要做到最好，你要讓自己脫穎而出，吸引他人的目光。那些將

幸運或不幸歸結為機遇不同的想法是不正確的，每個人的一生中，機遇的概率是大致相等的，致勝的關鍵在於你能否抓住機會，並勇敢地表現自己。

且在這個社會中，往往只有第一名才有發言權，所以，與其站在背後羨慕他人頭頂光環，不如自己去創造機會，這樣人生才更加完美，也會因此少了許多遺憾。

戰略大師傑克・特勞特（Jack Trout）曾說過：「你一定要想辦法在你的領域中成為第一。」現今社會競爭如此激烈，屈居第二與默默無聞毫無差別，無論是對公司還是個人來說，只有「第一」才能被牢牢記住；才能比別人獲得更多的機會與資本；也才能給自己創造更美好的未來、更廣闊的前程。

或許有人會說「第一」永遠只有一個，那其他人是否就沒有立足之地呢？並非如此，其實我們只是用「第一」當作目標，來激勵自己成為佼佼者，正如不是所有的士兵都能成為將軍，但不想做將軍的士兵就絕不是好士兵一樣，若你沒有遠大的目標、高遠的志向，那你就永遠無法攀上頂峰，永遠只能做他人的配角，對別人的成就望洋興嘆。

你不需要謙虛，只有勇敢地表現自己、讓自己在芸芸眾生中脫穎而出，才能爭取機會，實現自己的人生價值，成為佼佼者；所以，努力加強自己的利基，強化核心競爭力，讓自己在眾人之中脫穎而出。

而要成為第一名其實很簡單，你只要把你的專業領域切割得很小，切割得更細，將你的專業、獨特性突顯出來；這樣一來，當你宣稱你是 XX 領域第一名的時候，較不會得到反彈或是質疑的聲浪，因為你是在分眾領域稱霸，而大多數人根本不會注意到你分眾的類別到底是什麼？利用細分去模糊焦點，讓自己確實在市場中稱雄。

例如筆者去賣太陽餅，如果我宣稱自己的產品是台中太平區最熱銷的太陽餅，餅皮多酥脆、內餡美味，是當地最好吃的太陽餅，那這樣消費者有極高的可能被你吸引，因為他們可能沒聽過這個名號，認為你真的是當地最有名、最

好吃的太陽餅。但如果你宣稱自己是台中最有名的太陽餅，第一個不高興的肯定是太陽堂，或是其他餅家；台中各家餅店都搶做第一，市場已經夠捲了，你一個不知名的小店有什麼資格稱王？

但反過來想，如果你用台中太平區來定位，那絕對是輕輕鬆鬆地稱王，你甚至可以細分到鄉鎮，自稱是「台中太平區光華里最好吃的太陽餅」，那這樣效果會更好，絕對成為第一名。你也可以就功能性或特色來突顯你更優於其他品牌，如「不同於全聚德的『悶爐式』烤鴨」、「口味最多元的太陽餅」、「大按鍵手機中的第一品牌」……等等，都是可以好好發揮的分眾市場。

舉個例子，米勒啤酒公司（Miller Brewing）在美國啤酒業排名第八，市場份額僅 8%，與百威、藍帶等知名品牌相距甚遠，米勒公司為了改變現狀，決定改變市場戰略。

他們先進行市場調查，透過調查發現，若按使用率對啤酒市場進行細分，啤酒飲用者可細分為輕度飲用者和重度飲用者，而前者人數雖多，但飲用量卻只有後者的 1/8。

他們還發現，重度飲用者有以下特徵：多是勞工階層，每天看電視三個小時以上，喜愛體育節目。因此，米勒公司決定把目標市場定位在重度使用者上，並果斷決定對米勒的「海雷夫」啤酒進行重新定位。他們跟電視台簽訂一個「米勒天地」的節目，廣告主題變成「你有多少時間，我們就有多少啤酒」，以吸引那些「啤酒重度飲用者」。

結果「海雷夫」的戰略取得了很大的成功，在眾多啤酒品牌中，找到自己的市場定位，成為勞工朋友們心目中的首要之選，市佔率也因此翻了兩倍！

因此，若想要成為佼佼者、跳脫內捲競爭，除了加強自己的優勢外，你更要懂得將市場細分出來，讓自己的定位明確，更強化自己的不可取代性，以避免在眾多兵家之爭中殺個你死我活，最後卻可能內捲到極致，搞得兩敗俱傷，仍無法成功取得第一名。或是你能將自己的競爭力跨界，那你就能分食更多市場，成為第一。

懂得借力拓展你的競爭力

找出核心競爭力（利基）後，你的首要任務便是不斷強化它，核心競爭力的來源可能是你擁有的某種獨特核心技術；或獨門的創新設計；或手上資源中所擁有的特殊行銷通路……等等。

在強化競爭力的過程中，你可能會遇到種種難題阻礙你成長，這時你可以選擇仰賴別人的力量成長，你要開始思考，在你周邊跟握有的資源中，有什麼很關鍵、很特別的東西可以讓你利用？例如，我是經營出版業的，與賣書的通路商均有往來。

還記得前幾年魔法講盟同樣舉辦「亞洲八大名師高峰會」，盛會在六月舉行，而我們的大會手冊卻早在二月底就已印製完成，這是為什麼？因為我們要在三月份就先將手冊發行到各個通路商去。

亞洲八大活動。

相信有些人都有在 7-11、全家便利商店、家樂福等通路或金石堂、誠品各大書店，看到大會手冊《一週創業成功魔法》，其目的何在？就是宣傳和造勢，還可以招生。由於「亞洲八大名師高峰會」的會場可容納上千人，所以活動招生的壓力很大，如果由別家培訓公司來辦這個大會，就很難在這些便利商店、書店和各大賣場……等地方發行、宣傳；但對我而言，Key Channels 就是賣書的管道，筆者旗下負責經銷的采舍公司就跟通路商說：「這本手冊是由創見文化所出版的書，教大家如何成功、如何創業賺

錢……」，所以這些通路商就願意接受我們的書了。

附帶一提，7-11、全家便利商店討厭高價位的書，但誠品不喜歡低價位的書，所以這本印製精美的手冊，在便利商店賣九十九元，在誠品增加內容後賣三百九十九元，不同的通路賣不同的價格，讓它能在各個通路被看到。

再舉一個透過「誠品」來借力的例子。在台南安平區裡某安靜的巷弄內，有一棟約二、三十層高的建築，當初建商同意以低租金的方式，提供這棟大樓的二樓給誠品書店使用，並以誠品來命名這棟建築；一樓則由建商自己經營咖啡館或租給其他的業主，三樓以上就租賃給其他公司行號。有很多人都認為「誠品」這個品牌不錯，對它的印象都很好，以致房價大大提升，每坪售價比當地平均行情貴了一、二萬元，所以建商很快就把成本賺回來了，甚至賺得比原先估計的多更多。

全台東縣內原本沒有任何一家書店，縣政府覺得這樣不行，於是蓋了一棟大樓，邀請誠品進駐，並象徵性地酌收一點租金；所以，全台東唯一的書店就是位在台東市中心的誠品書店。對誠品而言他們擴展了一間分店，但對台東縣政府而言，誠品讓當地的
建設和文化提升，是集教育、文化、觀光、休閒、旅遊的匯聚之地；香港銅鑼灣的誠品書店也是如此，雖然他們的租金是當地行情的三分之一，但卻大大提升了希慎廣場及其周邊的效益。

而大陸蘇州有間很大的建商，在當地蓋了一大批高級住宅，他們以免租金的優惠和入股的方式，邀請台灣誠品到那裡駐點，但對外宣稱是台灣誠品有意加入，因而大大地提升了這個建案的宣傳效應。

以上雖然都是別人向誠品尋求協助，希望藉他們的力量，達到提升自己的目的，但其實誠品也有從中得利，他們不僅能順利拓展市場，還能用較優惠的

價格，甚至不用租金就能到當地展店。所以，借力絕對是一個提升競爭力、破除內捲的好方法，且得益的不僅僅是你，雙方都能得利，所謂互利共好是也。

對於筆者來說，因為我賣書，與這些通路商時常保持良好的往來，所以筆者可以輕鬆利用這些資源來達到我實際的目的。但如果你有個很棒的商品想跟7-11合作，保證會不得其門而入；你也可能因為沒有後盾或市場效益而吃一記閉門羹。

筆者旗下的采舍就是專門負責圖書經銷的部門，知道各通路的採購或業務部門的聯繫窗口，而這就是筆者所擁有的通路優勢，透過這個優勢，借力將八大手冊成功推銷出去，達到宣傳和造勢的目的。

在台灣也有很多公司仰賴美國的沃爾瑪（Wal-Mart）這個通路，像有個賣烤爐的廠商，原本經營得很辛苦，但自從和沃爾瑪合作後，無論有多少產量，沃爾瑪都可以吃下，銷量因此大大提升。所以，只要找對門路、找對關係、找對資源，借力思維能幫助你增強自己的力量。

你知道比爾‧蓋茲（Bill Gates）是如何竄起的嗎？筆者再與你分享一則比爾‧蓋茲借力的故事。

比爾‧蓋茲的媽媽與 IBM 老闆在某個基金會裡，從事著公益方面的事務，他們彼此認識，是合作夥伴關係（Key Partnership）。於是，比爾‧蓋茲請媽媽向 IBM 老闆引薦自己：「我兒子會寫電腦程式，可以幫你們寫軟體。」而這個程式就是後來開發出來的個人電腦作業系統——磁盤作業系統（Disk Operating System，又稱 DOS）。

當時的比爾‧蓋茲還是哈佛大二的學生，但他選擇休學，專心為 IBM 公司寫程式。而研發的過程中，他需要用到哈佛大學裡的超級電腦作業，於是他與學校溝通，請求使用研究室內的超級電腦，後來校方同意讓他使用，但未

來必須將開發所賺得的 5% 利潤回饋給學校。

聽到這樣的條件，比爾‧蓋茲何樂而不為呢？他不僅解決當時的問題，還能貢獻學校一筆建設資金，享譽美名；而學校僅僅是將超級電腦借給他用，或許你會說超級電腦的耗損成本相當驚人，但比爾‧蓋茲所回饋的資金用來維護電腦絕對是綽綽有餘。

所以若想成功借力，你就得先了解商業模式，才能從中找到最適合自己的方式尋求他人的協助。根據哈佛逾五千件成功的案例中，大致可將商業模式分為關鍵資源（Key Resources）、關鍵活動（Key Activities）、關鍵合作夥伴（Key Partnership）、關鍵通路（Key Channels）等四大類。

❶ 關鍵資源（Key Resources）

提供及傳遞競爭優勢時，所需要的資產就是關鍵資源。

❷ 關鍵活動（Key Activities）

運用關鍵資源所要執行的一些活動，就是關鍵活動。

❸ 關鍵合作夥伴（Key Partnership）

有些活動要借重外部資源，因此有些資源必須由組織外取得。

❹ 關鍵通路（Key Channels）

透過溝通、配送及銷售通路，傳遞價值給顧客。

透過上述四大關鍵，你就能找出發展中能使用的東西，以便順利尋求他人

的協助，運用借力促使自己加快成功。我之前也出版過一本專門講述有關借力的書《借力與整合的秘密》；舉凡成功的人，他們都懂得靠借力並整合自己的資源，不斷擴充累積，以提升自己的核心競爭力。

而除了自己找出可尋求發展中能使用的資源之外，還有一種很方便的方法——眾籌，你可以把你的構想或是計畫放到眾籌平台上集體借力。如果可以的話，筆者更建議你放到大陸的網站上，那會比台灣更有效，大陸現在最紅的網站是京東商城，京東一直期待著把「BAT」幹掉。

你可能對「BAT」有些陌生，「B」是百度（Baidu），「A」是阿里巴巴（Alibaba Group），「T」是騰訊（Tencent），他們是大陸的網路企業三大巨頭；而在他們三者之後，還有幾百間企業排隊，努力等待看能否超越這三巨頭，但當中企圖心最強、最有潛力的就是京東商城，京東商城老闆的企圖心非常強，他們公司的眾籌平台也搖搖領先各家。

你有任何的眾籌案都可以送去那裡，只要他覺得你的案子很不錯，他都接受並願意嘗試，甚至直接投資你。林偉賢老師大部份的產品都是透過京東商城的眾籌平台募集，且很多都是他的學生做的，他先投資學生，再和他們一起做，透過眾籌募集到好幾億人民幣。

只要你有一個構想，不用先真的做出來，只要把想法寫成企劃書，如果真

的需要製作樣品，你可以先利用 3D 列印或其他方式做一個展示品，絕對不要量產，你先讓眾籌市場決定這份企劃的可行性。如果有很多人投資，自然就會有創投來找你，願意投注你所需要的資源，生產設備可能也會得到贊助；但如果沒有什

麼人投資你，就代表你的想法不可行。

眾籌有個很重要的前提，那就是你必須決定要募資多少錢？那能否募到錢就是關鍵，眾籌案的成功和失敗的定義又是什麼？就是你得先設定一筆目標金額，達標了，就是成功；沒有達標，就是失敗。

不曉得你是否有發現眾籌裡面的玄機，其實它並沒有明確規定達標金額是多少錢；大家都知道，找創投有第一輪、第二輪、第三輪……以台灣來說，我可以把第一輪的目標訂得很低，假設目標為十萬元，那達標率若高達 400% 時，創投一看就會有驚豔的感覺，可事實上，達標率 400% 計算下來只不過四十萬元，要募集到這筆錢並不難。

但如果你第一輪的目標是四百萬元，那募集到四十萬，達標率僅 10%，數字很低；如果目標設定四千萬，募到四十萬，達標率只有 1%，更糟糕。這真的是很奇妙的事，同樣都是募集四十萬，但達標率不同，便給人不同的感覺，因而間接影響到你借力的效果。

有很多培訓界老師都問過筆者一樣的問題：「如何讓培訓班爆滿？」我回答他們：「只要選一間小小的教室，再放幾張桌子，而且每張桌子坐滿只能坐三人，教室走道擠得滿滿的，很自然就爆滿了，但其實也沒多少人。」

而在眾籌平台上，你要如何證明成功？假如我的達標率是 500%，實際只需要五萬元，總共二十五萬，其中還可能是你的親朋好友或是跟爸媽借的資金，但不知情的人一看，覺得達標率好高，這案子一定很厲害。為何我要一直強調達標率？因為這只是第一輪，到了第二輪你可以提升為一百萬，第三輪則可能達到五百萬；投資就是要這樣一輪一輪堆砌上去，不斷累積，讓投資者覺得你是潛力股，值得他們付出。

巴菲特投資有二大原則，其中一個就是你的壁壘在哪裡？他稱為「護城河」，這對於投資人來說是很重要的，每位投資人都會看他們所投資的項目是

否具備護城河，以確保項目能在市場上屹立不搖，不被輕易擊垮；所以，所有的創投者都會問你這個問題，你一定要事先準備好。那些創投、天使基金，都是透過專業經理人在眾籌平台找尋投資標的，當他們找上你時，會直白的問：「你的壁壘在哪裡？你的護城河在哪裡？」換句話說就是：「這件事為什麼只有你可以做，別人卻不能做？你的核心競爭力是什麼？」

創投們往往最擔心人人都可以做，尤其是你的構想在眾籌平台曝光之後，很多人都會看到你的企劃，就可能會搶先去做，以致於市場變成紅海，而你的競爭力根本無法殺出一條血路。所以你要先說出理由，為什麼只有你能做，別人不能呢？不管是實質上還是名義上的，都要有一個說法，且前提是你的構想要有絕對的競爭力。

筆者再次強調眾籌的重要性，所有想要借力的人，都希望能找到創投或是所謂的天使，但要如何把你跟有力者之間的橋樑找出來呢？借力者憑什麼肯定你、願意給予你協助呢？你又該如何找到他們？答案就是眾籌平台。

若你默默無名，想必不會有人願意助你一臂之力，因為他們在你身上看不到效益，像投入枯井裡的石頭聽不到一點水聲。所以，若想成功借力，就要利用一些技巧把自己的競爭力表現出來，倘若沒有足夠的資源或技巧能包裝自己，不妨透過眾籌平台讓大家看見你，由他人幫你把競爭力堆砌得更高，默默地不斷提升自己的價值，眾籌平台讓你借力借得更輕鬆，而非盲目的競爭，毫無方向可言。

運用「利基」，創造自我價值

小米創始人雷軍曾說，永遠不要試圖用戰術上的勤奮來掩飾戰略上的懶惰。可以肯定的是，無論個人還是企業，如果缺乏突破性創新，那一定導致內捲。

內捲與躺平是近年兩大社會話題，很多年輕人選擇躺平，以為躺平就是反內捲。實際上，內捲的深層原因是個人及群體缺乏創新能力，甚至是喪失創新能力，無法避免地落入內耗陷阱之中。因此政府、企業必須透過各種措施鼓勵創新，才能破解內捲難題，從而實現基業長青。

 ## 破除邊界化，用創新找出新價值

科技巨擘、前幾大企業或是說由其主導的外拓不成，就會走向內捲，若用「內捲」一詞來描述現今的科技產業，也就是「向內演化」，內捲現象對台灣電子、網路產業也有著深遠的影響。

在討論破除邊界化之前，筆者想先聊一下 Google。2021 年 10 月 Google 發布 Pixel 6 系列手機，首次搭載自研晶片，可流暢運行 Android 12。其實這不是 Google 首次推出自家手機，但這次為何選擇自研晶片，推出自己專屬的應用程式呢？這或許有著深沉的意義，筆者認為可能代表數位匯流經濟發展碰到障礙，因而開始內捲，走向 Apple 的老路——自建專屬生態系，賣手機和自家應用服務。

你可能會想這有什麼問題？眾所周知，Google 自 2005 年併購 Android，便無償將 Android 系統釋出，開放其他業者以 Android 為中心來研發手機，讓各家手機品牌商或應用服務開發商有機會利用 Android 來大吃智慧型手機及其延伸的大餅。

Google 旗下的 Android 便順勢成為全球手機作業系統市占冠軍。但現在 Google 卻自己提供作業系統，營建生態系，似乎打算球員兼裁判，形成變相的內捲。

這種內捲可能會導致三個問題，首先即是原本由 Google 主導的 Android 與其手機製造聯盟關係可能因此鬆動；其次，Google 突然轉變方針，是認為市場已無其他手機作業系統的可能？最後，Google 在數位經濟上遇到大瓶頸，特別是廣告方面，因而必須行險來找到新出路？

2022 年內捲案例也越來越多，且遍及全球。美國政府債券殖利率飆高及聯準會官員的鷹派言論，華爾街交易員紛紛逃離科技股，那斯達克指數市值在五天內蒸發逾一兆美元，連分析師也在地緣政治和政策緊縮等風險中轉趨謹慎，建議投資人獲利了結。

另外還有 Apple 失去全球市值第一名寶座，被沙國石油公司超越，象徵著網路產業被實體產業搶走光芒。今年 Google 舉辦開發者大會，也被許多評論家嘲諷，直指 Google 的「科技盛宴」竟變得如此無聊。

至於 Apple 則在開發者網站發布公告，將下架在 App Store 平台上長期不更新的應用程式，讓人意料之外的是，大部份的評論居然不是來自那些可能被下架的 App 開發者，而是手機用戶們，反應 App 頻繁更新卻越來越不好用，但 App Store 仍強制要求更新，使用者體驗越發不好。

以美國為首的全球網路科技業，究竟出了什麼狀況？可以推論的外在環境問題有 COVID-19 及俄烏戰爭、電子產業供應鏈斷鏈及晶片短缺等全球性問題，但筆者也在思考這些企業本身是否存有什麼問題？

有些問題看似小，但也不能小看，因

為它說明了平台、消費者與開發商三方之間存有矛盾與衝突，而非如往常一般利益一致、協調。換言之，內捲化正在發生。科技越發達，數位經濟發展前途理應光明一片，但目前產生問題是不爭的事實，筆者覺得除科技巨擘，任何企業甚至是獨立的個體，若只曉得一昧地往外找問題之根源是錯誤的，也應該向內檢視，畢竟完全商業掛帥、沒有理想性而導致的內捲，絕對難以長久。

而我們身處網路世代，網路的特色就顯得特別重要，但網路的特色又是什麼呢？它會帶來什麼影響？又要如何向內檢視？你只要牢牢記住：去中間化、去中心化、去邊界化，記住這些之後，你未來的人生規劃便有了大方向、大趨勢的思維。

如果你能打破中間化，就會變得很厲害。比如提供載客車輛租賃及媒合共乘的分享型經濟服務的 Uber，試問 Uber 有幾輛自己的車？沒有，他們只是整合願意開車與需要搭車的人兩者之間的資料，然後放到網路上去，自己一台車都沒有。

世界最大的租屋系統叫 Airbnb，他們有幾間房子？幾間旅館？答案是一間都沒有。它也只是提供一個網路平台，讓有意願的人自行上網登記，把家裡多餘的房間租給別人使用，沒想到有幾百萬人進行登記；只要你到外地出差時，願意住到別人家中閒置的房間，你就可以直接在網路上跟對方預約，費用還相當便宜。

而一般人都知道什麼是「去中心化」，像比特幣就是去中心化的代表。新台幣的中心是中華民國政府或是中央銀行及台灣銀行，如果有一天，中華民國政府倒閉、被取代了，新台幣就不值錢了，其他各個國家也是如此。但請問會不會有哪個國家被消滅了，比特幣就變得不值錢呢？答案是不會，比特幣不會受到任何影響。

　　比特幣在全球各地有好幾十個交易中心，就算最大的交易中心被駭客攻陷了，它也不會受到影響，因為它並沒有所謂的中心，它是由許多網民參與所組成的，而且當中有很多技術層級很高的網友所參與。

　　所以，繼比特幣之後，全世界先後發行了數千種虛擬貨幣，其中有多種是公司幣，都是由 XX 公司集團所發行。但筆者會建議你這種幣千萬不要買，萬一這公司集團因財務問題倒閉，那這個幣就不值錢了，斷崖式暴跌。但比特幣就不同了，比特幣是由哪家公司發行的呢？比特幣不透過任何一間公司發行，也沒有人擁有全部的掌控權，很神奇吧，這就叫「去中心化」。

　　比特幣所使用的技術「區塊鏈」，現在最火熱的元宇宙、NFT 等議題，也是基於區塊鏈基礎討論與架設，所以區塊鏈可謂當代最高科技的顯學。比特幣剛開始發行時我也參與其中，所以對它有相當程度的了解，筆者也有出版探討區塊鏈的書，書中分享當初操作比特幣的實戰背景與經驗，若你有興趣，可以到書店買回家了解一番。

　　而去邊界化就叫跨界，現在的老闆很難當，經營一段時間後，就會有一些莫名其妙的人來搶市場、搶生意，而且都是別的產業、別的領域跨足過來的。這時失敗者通常都會自怨自艾：「我的生意被 XX 公司搶走了……」，但成功者就會想：「既然他們跨界來搶走我的生意，那我也來搶別人的生意，我來研究自己有哪些競爭優勢可以跨足別的產業或是別的領域，多搶一些生意，分一杯羹。」而當你朝別的方向遠眺，就等於脫離內捲之中，不再同一個漩渦與他人鬥爭了。

　　最有名的例子就是馬雲。馬雲為了做電子商務，因而成立第三方支付──「支付寶」。但買東西一定要有第三方支付嗎？一般來說，消費者上網買東西

時都會想：「萬一賣家不寄東西給我，該怎麼辦？」而賣家則會想：「東西已經寄送出去了，萬一收不到錢，怎麼辦？」

馬雲考慮到了消費者與賣家的心理揣測，所以在成立商務網站時，同時開發了支付寶；也就是現在的螞蟻金服，它沒有銀行卻能打造出中國最大的貨幣基金，支付寶是依附於電商交易的工具，阿里巴巴為了因應網路信用問題這個痛點，保障買賣雙方的交易，因而設計出支付寶，作為第三方支付工具。它讓消費者在網上購物時得以放心，消費者先存一筆錢到支付寶後，再跟賣家買東西，等到賣家把貨品寄給消費者，確認收貨無誤後，再向支付寶請款。

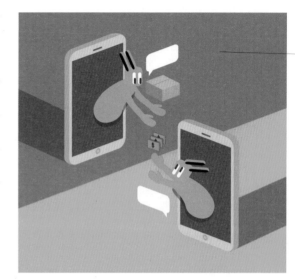

現在有許多大陸人習慣在淘寶網買賣東西，假設你今天買了三百元的東西，就要先存入三百元到支付寶，隔天再買九十九元，那就再存入九十九元；但為避免麻煩，消費者通常都會預先在支付寶存入一筆錢，然後支付寶再依照購買金額自行扣款，現在已有超過一億人有這種習慣了。

隨著電商的發展，促進支付寶的壯大，幾乎每家店都在用支付寶錢包，人們可以在越來越多的商場、便利商店、計程車等實體商店使用支付寶進行電子支付。消費習慣的改變下，馬雲想到再把這些剩餘的錢拿去投資基金，找到了一種穩定基金，保證年獲利率 8%，所以，如果消費者在支付寶裡存入一千元，買了二百元的東西後，剩餘的八百元，支付寶會自動幫你投資基金，之後你每年都有 8% 的利潤；因此，有越來越多人不再只存入一千元了，而是越存越多。

支付寶的帳號系統累積近五億名用戶的時候，「螞蟻金服」（已於 2020 年更名，現稱螞蟻集團）應運而生，之前推出的貨幣基金產品餘額寶，便是螞蟻金服旗下的一項餘額增值服務和活期資金管理服務。餘額寶滿足了支付寶使用者想用少許的錢，就能投資基金賺點利息錢的需求，而且只要用手機就能輕

鬆購買，約莫新台幣五元就可以存基金。

存入支付寶的錢，買東西支付的錢，叫支付寶，扣除支付額所剩餘款叫餘額寶，再將餘額寶自動轉入基金之購買，之後當你又在網路上進行購物時，系統又會自動把部份的錢拿來支付你購買的金額，全部都由電腦自動化操作，大大改變了舊有的消費模式。

人民幣的定存利率，在幾年前是 5%，現在平均是 3%，而馬雲的餘額寶利率是 8%，明明只買一點點東西，卻能藉此多存入一些人民幣，大家當然會把大量的錢存到支付寶裡，沒多久餘額寶的基金就高達八千億人民幣，上架三年就累計超過新台幣三兆資金，成為中國最大、全球第四大貨幣基金，而且來自其他各國的基金公司也紛紛加入投資，希望代為操作這筆基金，不但可以滿足 8% 的獲利，還能另外給阿里巴巴公司 0.7% ～ 0.8% 的利潤。千萬不要小看這 0.7% ～ 0.8% 的利潤，這也是阿里巴巴的獲利主項目，使它成為全世界市值前十大企業；阿里巴巴就是因為不斷的跨界、去除邊界化，而加以壯大。

因此，所謂的去邊界化，就是成為跨界者，利用網路的特性，讓一個產業、一個領域的邊界，漸漸消失，不再有邊界。所以每個人都應該思考要如何以自己的利基實現跨界，順利跳脫內捲漩渦之中。

前美國總統川普（Donald Trump）就善於突破邊界的限制、溝通與連接，雖然他前前後後申請了四次破產，卻都能迅速復原站起來。

1990 年，美國經濟蕭條，房市一片萎靡，川普的公司宣告破產，個人財務也面臨危機，總共積欠九十億美元的債務；但他僅用三年的時間就還掉一半債務，轉而開始經營博弈事業。當時他透過參股及收購的方式，買下大西洋城幾間賭場，其中一間泰姬瑪哈（Taj Mahal）賭場，即是當時全球最大的賭場。

　　而他因為旗下擁有多家賭場，所以又另成立「川普旅館賭場集團（Trump Hotel & Casino Resorts）」，不料經營狀況不如預期，賭場所有獲利都必須用來支付貸款利息，公司在 1996 年上市就一路虧損，最高負債曾達到十八億美元，直到 2004 年底，川普二度宣布破產。

　　川普旅館集團在 2004 年破產後，川普再次重整，更名為「川普娛樂休閒公司（Trump Entertainment Resorts）」，沒想到隔年股票重新上市後大漲五成，就此從財務危機中站了起來。

　　這個世代成功很快，失敗更快，你的人生不可能沒有失敗，一定會有很悲慘的時候，但只要你具有復原力，能夠迅速站起來，你就能成功，所以成功的關鍵在於是否擁有復原與抗壓的能力。當然，你要在你熱愛的領域裡，誠如前面所說，利基最好建立在你熟悉且熱愛的領域，持續在你熱愛的領域裡努力地去玩！你終將會成功！

　　現今每個人都高談著創新的口號，創新的確很重要，它能為人們創造出「新」的價值，把未被滿足或潛在的需求轉化為機會。但創新的目的並非是將利潤最大化，而是為了找出新的需求；若以犧牲他人價值為代價的「創造」就不是創新，因此，發明也未必是創新，除非它能被應用並創造出新的價值。

　　但你知道嗎？創業其實也未必就是創新，筆者常常告訴我的學員們，要勇於創業讓自己成功，因而開設了跟創業相關的課程，協助他們找尋方向。但創業的前提是，你要找出事業的賣點並讓「新的客戶滿意」，這才叫創新的創業；並不是你做出改變就是創新，否則你只能品嚐到失敗的滋味，甚至可能造成市場的紊亂，而且一樣無法跳脫內捲的競爭之中，以為跳出來了，其實是跳入另一道漩渦。

創新最初的概念可追溯到 1912 年，經濟學家熊彼得（JosephAlois Schumpeter）所出版的《經濟發展概論》中提出：「創新是指把一種新的生產要素和生產條件的『新結合』引入生產體系。」

創新包括五種情況：引入一種新產品；引入一種新的生產方法；開闢一個新的市場；獲得原材料或半成品的一種新的供應來源。熊彼得的創新概念包含的範圍很廣，涉及到技術性變化的創新及非技術性變化的組織創新。

而我們所做的事物也都存在創新，如觀念、知識、技術的創新，政治、經濟、商業、藝術的創新，工作、生活、學習、娛樂、衣、食、住、行、通訊等領域的創造創新，只為了提升生活的品質及解決需求。一般創新產生的作用有三點如下：

🎯 滿足人類生存與發展的需要。

🎯 深化人類對客觀世界的認知。

🎯 提高人類對世界的駕馭能力。

創新可說是刻不容緩，尤其是在現今競爭激烈的內捲化社會，若你還不懂得變化，利用創新加強你的利基，或用創新找出你的第二利基的話，先排除是否能跳脫內捲，思考該如何在市場上贏過其他人？

瓦特發明改良式的蒸汽機，讓工業革命產生大躍進；牛頓被掉落的蘋果砸到頭而發現萬有引力；門得列夫則透過紙牌不斷排列，進而想出元素周期表……由此可知，在研究創新的時候，你要把過程看得比結果更重要。創新最終的結果，是由創新思維的過程所決定，結果僅是過程的成功產物；但一般在教育上對創新的過程卻提的不多，所以常導致人們對創新產生誤解。

英國心理學家華拉斯
（Graham Wallas）提出創
新「四階段理論」，是一
個影響最大、傳播最廣，
且具有較大實用性的過程
理論。他指出創造性活動
產生的過程一般可分成準
備期、醞釀期、明朗期、
驗證期四個階段；且在每
階段中，左右腦所運作的
功能會有所不同。

在思考的準備期及驗證期，左腦處於較強的活動狀態，發揮主導作用，因此這兩階段需要使用到左腦的語言和邏輯思考能力，運用推理、類比、分析、歸納等方法找出問題所在；而在創造過程中的醞釀期和豁朗期，則由右腦負責主導，在這兩階段是新思想、新觀念的產生時期，也是發揮創造性思維的關鍵期，由於創新的事物（觀念）可能還沒有邏輯化的規則可遵循，所以就需要發揮右腦的想像、直覺等功能。

① 準備期（Preparation）

準備期是準備和提出問題的階段。創造並非無中生有，必須自問題的發現或察覺開始，首先是對萌生的觀念或感受作檢查，確定後便開始閱讀、發問、討論、探索等準備工作。

愛因斯坦（Albert Einstein）也認為：「形成問題通常比解決問題更重要，因為解決問題不過牽涉到數學或實驗上的演算或操作而已，但明確問題絕非易事，需要有創新的想像力。」他還認為準備可分為下列三步，力求問題概念化、形象化和具有可行性。

◎ 對知識和經驗進行累積和整理。

◎ 搜集必要的事實和資料。

◎ 了解自己提出問題的社會價值，能滿足哪些社會的需要及價值前景。

② 醞釀期（Incubation）

醞釀期也稱沉思和多方思考發散的階段。在醞釀期要不斷地將收集到的資料、訊息進行處理、消化，探索問題的關鍵，因此需要耗費很長的時間及巨大的精力，是大腦高強度活動的時期。而這一時期，要從各方面讓各種設想在頭腦中反覆組合、交叉、撞擊、滲透，按照新的方式進行加工重組；且加工時應主動創造方法，不斷選擇，力求形成新的創意。

科學家龐加萊（Jules Henri Poincaré）認為：「任何科學的創造都源自於選擇。」這裡的選擇，指的是充分地思索，讓各方面的問題都能完全顯現出來，從而把思考過程中那些不必要的部份捨棄。創新思維的醞釀期，強調有意識的選擇。因此，龐加萊也說：「所謂的發明，其實就是鑒別，簡單來說，也就是選擇。」

醞釀期的思維強度大，但困難重重，可能會經常百思不得其解。因此，創新通常是漫長且艱鉅的，也有可能在過程中就失敗；但唯有堅持下去，努力不懈，才能成功創新。

③ 明朗期（Illumination）

明朗期即頓悟或突破期，意即找到解決辦法。明朗期很短促、很突然，通常呈猛烈爆發狀態，靈光一閃、豁然開朗，瞬即找出解決問題的方法。

④ 驗證期（Verification）

驗證期是評價階段，是完善和充分論證的階段。突然獲得的突破，難免粗糙且有些缺陷，而驗證期的目的就是為了把明朗期獲得的結果加以整理、完善

和論證，進一步得到證實，以達完美。假如不經過這個階段，你就不能說自己真正取得創新的成功；而且驗證不只是要在理論上驗證，還要放到實驗或現實中檢驗。

驗證期的心理狀態較平靜，唯有耐心、周密、慎重，不急於求成和不急功近利才是創新最終的關鍵。

下方筆者提供創新的方向讓你參考，學著點兒創新，自然可大幅提升自己的競爭力！

① 資料搜集與整理

創新的第一步就是要先進行資料的搜集與整理。你要清楚創新的目標與需求，大量蒐集與整理資料，明確客觀環境與主觀條件，找出創新大致的方向。

② 創新方案的制訂

創新是有風險的，為了將這種風險降到最低，你必須根據市場內外的實際情況，結合自己的優劣勢，制訂出最適合的方案。

③ 實施創新

有了方案，就要迅速付諸實施，無論方案是否完善或十全十美，因為如果等到方案一切準備就緒後才付諸行動，那可能就要換你收割別人成功的果實了。

④ 不斷完善

上面有提到創新是有風險的，可能會失敗。所以為了避免失敗，提高成功

機率，在開始行動後，就要不斷研討、集思廣益，將原有方案進行補充、修改並完善。

⑤ 不斷再創新

創新的成功，能為你下一輪的創新提供強大的動力；創新不能停止，必須在新的起點上不斷精進。即使你原先的創新失敗了，也要從失敗中檢討，並吸取經驗及教訓，為下一次的創新提供參考。讓失敗與成功都成為新一輪的成功之母！

談創新可能會讓許多人打退堂鼓，但如果不創新，你的人生可能就真的只能這樣了，可以試著想像一下自己被困在電梯裡，只能爭取往上、往下，卻不能走出電梯的窘境，也就是內捲。

電梯裡面如果還有幾隻狼蒙混其中的話，那真的會彼此傷害互咬，最後無法走出電梯。至於選擇躺平的人，就是不參加討論到底要往上或往下的人；而中國常說的考研、考公務員，其實也只是換一台電梯，不保證你可以走進大樓或是走出大樓，走向廣闊的天地。

你要破除內捲的迷思，就得理解「內」和「外」的差別。經濟學家熊彼得曾在 1932 年寫過一篇短文來討論，怎麼區分增長（Growth）和發展（Development）的不同：「創新是『生產過程中內生的、革命性的變化』，創新意味著『毀滅和自我更新』。」因此，真正的創新，必須能夠「創造出新的價值」。

內捲並不可怕，可怕的是大家都搶著站起來看電影，卻沒有人試圖做出改變，提出創新的構想，或許你可以拿出 VR 設備，打造一個全新的「影院」，

讓原先站著的一群人得以悠悠哉哉地坐下來一起看品質更好、體驗感更讚的虛擬實境電影，不爭不搶，從容不迫地開拓新的市場。

又好比當年福特（Henry Ford）發現，如果把汽車製造過程專業化分段，然後用流水線方式把工人組織起來，可以大大提升效率、降低成本，結果成就了現代汽車，甚至是製造業的流程革命。Google 和 3M 提出要讓工程師擁有 15 至 20% 的自由支配時間，用於自訂的創新活動，這一點也大大激發組織創新的巨大活力和動力。

從紅海脫穎而出，打造藍海，進軍黑海

在為了競爭而競爭的內捲下，不管是校園的清華捲王還是職場的 996 加班文化，其實就好比是在紅海中不斷廝殺，但有了「利基」，你不用害怕生存不下來，還有可能發展出屬於自己的藍海市場。但你知道紅海、藍海和黑海的差別在哪裡嗎？

① 紅海

指已知的市場空間，競爭對手眾多，紛紛使用壓低成本、搶佔市占率、大量傾銷等傳統商業手法，殺價競爭成為主要的商業手段。

② 藍海

開創尚未被開發之全新市場，以創造獨一無二價值的「新」商業手段建構新商業模式（Business Model），以厚利適銷為方案。

③ 黑海

　　黑海就是盡一切所能生存下來。黑海的遊戲規則是沒有規則。在黑海中，一切危險都有可能，需要殺出一條出路，就像求職者什麼證書都想拿，因為不知道哪個證書最有用；又好比小公司，什麼生意都搶著做，因為活著是公司的首要任務。

　　簡言之，紅海就是你去做、他去做、我也去做，大家都在做的事；那麼藍海呢？就是你去做，我也去做，但我和你的做法不一樣。比如 A、B 二人一起在街上擺麵攤做生意，但為什麼 A 的攤位前面客人大排長龍，絡繹不絕；B 的攤位卻是門可羅雀呢？這是因為 A 和 B 的攤位有著不一樣的特色。

　　形成差別的原因有很多：A 的牛肉麵可能比較好吃；A 的用餐環境可能比 B 舒適；A 的服務態度可能比 B 親切……可能性諸多，而這些可能性就形成 A 的利基，若再加以利用的話，就可以打造出一個只有 A 的獨佔市場。但等 B 發現 A 成功的秘訣後才來仿效，那 A 只能跟 B 說聲抱歉，已經太遲了，因為還有很多其他的競爭對手也在旁默默觀察，也試圖窺探出 A 生意興隆的秘密。

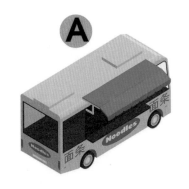
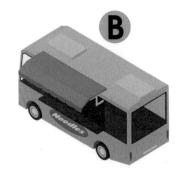

　　筆者的公司是出版集團，所以就拿出版業來討論，我以中國有名的京東商城為例。一般出版社將書批銷給書店的折扣大約是七至七五折，而像博客來這類的網路書店通常會用原價的七九折賣給一般的消費者，但京東商城的網路書店，無論進貨成本是多少，他們統一以原價五折賣出，那請問他們賺什麼？

　　其實對京東商城而言，書籍只是他們的小眾商品，3C 產品才是主要商品；他們的目的是希望以低價吸引消費者瀏覽他們的網站，進而讓主力產品的曝光

率增加，誘使他們在買書的同時也購買其他高價產品。

以行銷學觀點來說，有二個要點：第一是價格戰。所有賣滷肉飯、蚵仔煎、小籠包、臭豆腐⋯⋯等小吃店，其實食材成本只占三成，所以他們可以少賺一點，別人的牛肉麵賣150元，你的牛肉麵只賣80元，雖然少賺一些，但你的店一定是大排長龍，反而能吸引更多人來消費；但價格戰的缺點就是容易引起紅海戰爭，如果每家店都祭出低價搶攻市場，這樣大家就真的沒有賺頭了，也陷入內捲漩渦之中。

所以最高明的作法，就是讓消費者認為你的牛肉麵（產品）和別人不一樣，而「認為」就是影響消費者的一種心理因素，但要如何讓他們「認為」不一樣呢？譬如你可以寫一個生動的故事，將標語「從祖父就開始做，傳承四代的老店」貼在大門口，只要讓消費者感覺你的麵和別人不一樣，你的生意就會好。這也是行銷的絕妙之處，賦予產品額外的價值，讓它能在市場上站得更穩，你也能就此跳脫內捲洪流。

筆者再舉一例流行性感冒，通常很多人都喜歡去大醫院看名醫，但療效卻沒有比較好。其實很多事都是心理因素造成，一般藥局或診所的藥劑師和那些名醫所開的感冒藥，幾乎是大同小異，只是名醫開的處方籤可能會多一粒維他命C，但其實那只是一種安慰劑，讓人覺得名醫開的藥方和別人不一樣，是靈丹妙藥。感冒沒有什麼特效藥，不管是大醫院或診所、藥局的處方藥都差不多，只要你感覺不一樣，吃下之後就會覺得不一樣，真的就會好得特別快。

在紅海中，大家都在「最佳實踐」的基礎下進行競爭，若要追求「差異化」，成本必然增加；因此，在戰略的選擇上，一是尋求差異化，二是追求成本優勢。反之，藍海的戰略目標則是打破現有的傳統觀念，拒絕在品牌價值（個人價值）與成本間做權衡取捨，從而創造出新的最佳實踐規則。

　　黑海中，要做的是在低成本差異化基礎上，做出高附加價值，首要能施行的辦法就是透過差異化體驗，打造因人而異、不可模仿的生態，以場景品牌、生態品牌保持獨一無二的永續發展價值。

　　且現今的市場趨勢正在改變，以「用戶為中心」發展生態，因為每個人的記憶都是不同的，這是黑海不能被模仿的關鍵，因為體驗不可模仿，用戶終身難忘的記憶，會伴隨事件發生的場景，因而能打造令用戶終身難忘的體驗，得以生存下來並發展出去。

① 紅海戰略：視需求應變

　　在紅海中，產業邊界相當明確且不易改變，競爭規則皆是已知的，且身處紅海的人都試圖超越競爭對手，在需求市場中獲得更大的市佔份額；因此，在紅海中就是彼此不斷地競爭。而一般提升市場份額的典型方式，就是努力維持和擴大現有客戶群，演變成以客戶導向為主，提供量身訂做、客製化的產品。

　　著名管理學家麥可·波特（Michael Eugene Porter）於 1980 年出版的《競爭戰略》書中，從產業結構的角度提出如何長久取得競爭優勢的觀點，首先企業要從三種策略：低成本戰略、差異化戰略與集中戰略中選出一種來執行。而這三種戰略都具有內部一致性，即要求企業把成本控制到比競爭對手更低的程度；或提供與競爭對手不同的產品或服務；或專心致力於某一特定的市場或產品種類。

　　他同時還提出產業競爭的五力模型，分析產業競爭環境，指出產業競爭存在著五種基本力量，而這五種力量的狀況及其綜合強度決定著產業競爭的激烈程度，同時也決定了產業最終的獲利能力。

② 藍海戰略：創造需求

藍海指尚未被開發的市場、客戶需求的創造以及利潤高速成長的機會。在藍海中，競爭對手並不存在，遊戲規則也尚未建立；因此，創造出新的價值是藍海戰略的基礎，由此開闢一個全新的、非競爭性的市場空間。

藍海戰略認為市場的邊界並不存在，所以思維方式不會受到既有市場結構的限制。在藍海市場中，一定會有尚未開發的需求，重點在於該如何發現這些需求。因此，不管是從供給轉向需求，還是從競爭轉向發現新需求的價值，只要能讓價值創新，就是藍海的生存原則。

③ 黑海戰略：生存

黑海戰略就是簡單的兩個字：生存。黑海中完全沒有方向（戰略），沒有陽光（社會主流文化），只有浮光掠影、真真假假、敵我難辯。黑海的遊戲規則是沒有規則，紅海的遊戲規則是弱肉強食，講究一劍封喉。如果說在黑海中你根本連亮劍的機會都沒有，在紅海中，你不僅要現劍，而且還要打造出一把最鋒利的劍。劍多也許不是好事，就算你滿身別著飛刀，如果沒有最鋒利的一把，你一樣會被更強的對手淘汰出局。

當咬緊牙關熬過最黑暗、最漫長的時期，如果我們發現自己還活著，就渡過黑海時代進入「紅海時代」（紅海戰略）。從黑海中挺過來的人，有膽識、有魄力，但通常很容易犯一個毛病：追求大而全，追求完美，因為在黑海中，一切危險都有可能，一切防衛都不屬多餘，就像小公司一樣，可能什麼生意都敢做，因為公司要活著；就好比前面討論的，求職者什麼證書都想拿，因為不知道哪個證書最有用，但別人也都有拿，所以你也必須跟著捲，同樣得拿到證書才行。

④ 紅海中的「創新」與藍海中的「價值創新」

任何人或企業都不可能只滿足於現狀，大家都不斷地在尋找永續發展的機會。以創新的效益來說，過去的創新單指創造附加價值，但就現今的市場而言，附加價值已不能滿足消費者，因此，所有的個人或企業都必須創造出自己的「新價值」。

價值創新的重點既在於「價值」，又在於「創新」。只有將創新與效用、價格和成本進行有效的整合，價值創新才有可能實現。且它不像傳統的技術創新，價值創新是建立在需求、個人和市場各方共贏的基礎上，所以才能成功開創出藍海，成為突破競爭的戰略思考和戰略執行的新途徑。

有些藍海是在現有紅海中所創造出來的，因此適用於各種產業以及產業生命周期的各個階段。它的意義在於創造新需求、開闢新市場、消滅舊競爭、以避免形成紅海趨勢，但任何成功的人或企業，都無法避免來自其他競爭對手的仿效與跟進；所以，唯有不斷積極創造，從新藍海中再開創新的海，即創造新需求和新市場，才能達到永續發展的最終目的，永立於不敗之地。

以創業為例，在黑暗中人們無法看清目標、辨別方向，只能摸著石頭過河，所以採取黑海策略的人，如同摸黑上路，多數憑著直覺與衝動創業，不重計畫，只要覺得有利可圖就動手去做，再邊做邊學。幸運者會在衝撞之中脫穎而出，打開生路，但這種做法失敗機率較高，挫折感也較重。

現在的社會狀態就好比紅海，不斷廝殺競爭，且多數人也都採用紅海策略創業。紅色如血，形容採取這項策略的人都得跟眾多同業拼得頭破血流，因為該項生意或事業已有多人在做，他們已證明此路可行且已受益於該項事業，只

要跟著學、跟著做，就能分一杯羹。問題是市場的規模有限，如果你不是在市場飽和前就投入，而是看到別人賺錢才跟著做，那就必須比別人強，還要有一些運氣才行。

所謂藍海清澈可見，看得到各自的目標，可以避開正面為敵，也不會將資金與能力耗費在無謂的對抗，各憑所長、各取所需。選擇藍海策略，首先要辨識機會，認識市場與供需的條件，瞄準利基，也就是別人尚未發現的機會，提出周全的計畫和有效的策略，集中力量、確實執行。

想要賣麵食賺錢，隨便找個地點，把自己會做的麵食拿來賣，馬上設攤叫賣，這樣做法想賺到錢需要靠運氣，是黑海策略；若是看到隔壁老張在市場賣牛肉麵賣得風風火火，自己也在市場租個攤位，跟著賣牛肉麵搶生意，這就是紅海策略。

但如果你賣牛肉麵，在開店前就先嘗遍全台各大人氣牛肉麵，找出最暢銷和最好吃的口味，觀察他人怎麼做和怎麼賣牛肉麵，顧客都是什麼類型，喜歡什麼樣品味。再回到自己開店的地點，檢討目標顧客的類型和購買力，以適當的價位、最好的口味和能讓顧客滿意的服務推出生意，這種有預備、有計畫的創業，就是藍海策略。

其實紅海和藍海並不是互相取代及非此即彼的關係，兩者是可以並存和相互轉化的；只需要根據產業、市場內外環境的變化和趨勢，審時度勢地制定自己的戰略以調整優勢，搏擊於紅海時也把握住時機，就能夠同時積極開創屬於你自己的藍海。

思維改變，行為就改變；而行為改變，命運就跟著改變！只要多些「藍海思維」，我們就能從慘澹的紅海中全身而退，成功實施「同質化突圍」。

在產能過剩的今天，隨著競爭的加劇及日新月異的技術，產品的同質化日益變成一種常態，而產品的功能也在各競爭對手的想方設法下不斷增添、不斷雷同。因此，如何在幾乎「長著同一張臉」的眾多產品之中「推群獨步」，成了每個人、每間公司苦苦思索的永恆課題。

近年社群影音、直播火紅，中國抖音更是異軍突起，吸引許多人選擇透過抖音直播創業，中國龍頭電商淘寶內的廠商，也很多都紛紛投入抖音的懷抱，並取得非常亮眼的成績。但筆者想問抖音是唯一出路嗎？讓這麼多廠商放棄自己原先在淘寶上所累積的流量，轉投靠至抖音從零開始做起嗎？

要放棄一切從零開始，談何容易？一般人面對一個嶄新、陌生的領域，都會感到恐懼，害怕當初小小的成果化為烏有，但其實可以換個角度思考，與其待在淘寶這片紅海中不斷廝殺、內捲，不如思考如何反內捲，利用別的平台或模式來創造不一樣的效益跟價值，將其他競爭對手的流量引到現有平台上。

好比 A 是在淘寶網站上經營許久的商家，面對抖音搶走的廣大流量，但又捨不得在淘寶上的老客戶和既有流量，於是他誇下豪語：「我偏不做抖音，我就做淘寶，做到天下第一！」在抖音變局下，A 先生能怎麼獨鍾於淘寶呢？

A 先生發現很多在抖音看直播的人，被抖音直播主的話術打動，想要下單購買，但他們會因為各種原因，可能是對抖音不信任，或覺得抖音購物介面比較麻煩不好操作，當然也有可能是單純想比價……等等。

總之有相當大比例的人會打開淘寶，搜索剛剛在抖音看到的商品，哪怕淘寶沒有便宜多少錢，他們也大多會選擇在淘寶下單，而且他們已經被抖音洗過了，所以不管是轉化率還是成交率，都比一般網銷比例來得高！

一套新的商業模式儼然成形，A 先生可以從抖音那吸取到更多「穩定流量」和「穩定變現」。每天都有抖音直播，那就意味著，每天在抖音上

都有新品被炒起來，淘寶也因而能藉由販售抖音同樣的商品，獲得成交的新機會。

　　那請問可以如何知道每天有哪些商品可以上架呢？A先生絕不可能一整天都拿著手機滑抖音，看看各個直播間賣哪些東西，勢必要有一個好辦法才行。於是A先生花錢請人架設一個軟體，隨時監控抖音平台上具象徵性的帶貨直播間，一旦發現有被熱烈討論的商品，淘寶上又還沒有人或是很少店家鋪貨，他就抓緊機會迅速找貨源上架。

　　A先生透過這種組合式的創新，在他非常熟悉的淘寶領域上同質化突圍，找到新藍海，成功反內捲！

　　「同質化突圍」，就是開闢出一條有個人特色的路，讓自己長著一張與別人不一樣的臉，以便在眾多的產品中可以被人一眼就認出來。

　　將視角從傳統的領域移開，向旁邊看一看，往往可以看到一片新天地。好比美國商業銀行之所以能異軍突起，就是因為它選擇的定位與眾不同，自然就決定了它與其他銀行的不同；其獨特的風格與吸引人的優質服務，更成為它獨佔鰲頭的殺手鐧。

　　「同質化突圍」的關鍵在於找到自己的定位，樹立自己獨特的特點，並與別人的特點比較上做足功夫，讓人有深刻的識別度，再加上宣傳到位，開闢「同質化突圍」的工程自然也能成功。

　　在現今的數位時代最佳的策略是「藍海戰略＋黑海戰略」的協同模式，利用藍海戰略，在產品上取得創新，找到新的市場，提高產品價值；再利用黑海一心想生存的戰略，透過賦能，建構商業生態系統，為使用者、消費者提供更多解決方案，並提高產品生命周期的價值。

　　黑海戰略在本質上聚焦於「價值共生」，這是一種生態戰略思維。《第四次管理革命》

一書中，以海爾、阿里巴巴、Apple、Amazon、Toyota 等世界五百強企業為案例，發現這些企業在戰略上堅持了相同的轉型方向，即建構平台生態系統。

「價值創新」與「價值共生」在戰略邏輯上有很大的不同，前者關注如何透過自身的資源和能力來創造價值，後者關注如何透過生態夥伴共同來創造價值。價值共生是一種新的價值創造模式，這種模式也是現在許多大型企業管理者所關注的焦點。比如彼得・杜拉克全球論壇就將「生態系統的力量」定為論壇主題。

因此，在數位經濟時代所有人都要思考如何滿足使用者的全場景價值體驗，也只有能夠滿足用戶體驗，才能在數位時代獲得持續增長的動力，這需要我們改變傳統的戰略思維，轉換賽道，利用藍海的創新再加上黑海戰略，連接生態夥伴，共同創造嶄新的價值以駛出紅海，避免捲入內捲漩渦中。

以筆者（此指吳宥忠老師）為例：在 2017 年乙太幣 ICO 推出，全世界區塊鏈市場一片看好，其實那時候我還不大了解區塊鏈，也不清楚它的價值，於是我開始學習，然後碰巧有個到馬來西亞演講的機會。在馬來西亞演講時，我認識一名年輕人，他走在路上不會受到注目，特別地平凡，但你知道他竟然是能一年賺進上億人民幣的富豪，令我大開眼界，心想他怎麼這麼厲害，究竟是如何做到的？而他靠得就是區塊鏈。

我接觸的領域很多，銷售技巧、投資金融、激勵課程、房地產……等等，絕對高於其他人，但這些領域也沒有區塊鏈來得有前瞻性，且上台講授區塊鏈主題跟我原先擅長的項目是同工不同酬，於是筆者當時在心中告訴自己一定要轉換賽道才行。

銷售技巧	區塊鏈
紅海市場	藍海市場
廣泛趨勢	未來趨勢
99% 都懂	99% 都不懂
無官方認證	有官方認證
鐘點費低	鐘點費高
講師要有經歷	講師經歷易忽悠
課程價格透明	課程價格參考不易

　　還有一個例子便是魔法講盟，從華文網（出版）和采舍（經銷）做起，但出版業的市場每況愈下，因而轉型至成人培訓，提供知識服務，也就是魔法講盟；再緊抓趨勢，布局區塊鏈相關領域，設立元宇宙公司；現今也獨創圖書的直銷體系，創辦智慧型立体學習公司。

　　且我們開創新藍海時，並不會將本業落下，不管是魔法講盟、元宇宙，還是智慧型立体學習公司，都不忘出版的初衷，以成人培訓和區塊鏈元宇宙來說，我們就以出版專長來出版講義，或相關主題書籍來搭配；至於直銷體系的智慧型立体學習，也以不斷分享文學好書為出發點經營，讓加入者能閱讀好書，增長知識，又能賺大錢。

去中心化思維，成為獨立且獨特的個體！

　　從古至今的教育思維，讓我們養成在家聽從父母；上學聽從老師；老師聽從校長；工作聽從主管；主管聽從老闆……自上而下的，下層以上層為中心，並被上層控制，這種自上而下的管理層級就是中心化的。

　　中心化，在早期生產力和資訊溝通效率低下的時代，具有非常重要的意義，可以有效減少內部耗損，快速決策，集中生產力，實現個人不能完成的任務。

所以，現在經營企業時，會很自然地尋著已深植於意識底層的中心化思維，試圖努力經營起來。

一直以來都視企業為「中心」，這是一般眾人心中根深蒂固的認知，但現在若過於中心化只會使員工內部產生一股推力，雖大夥兒朝中心前進，但眾人卻是在原地打轉，沒有人向前，呈內捲化狀態。

2010 年，日本「經營之聖」美譽的京瓷公司（Kyocera）創辦人稻盛和夫，為瀕臨破產的日本航空公司進行重整，一年內便轉虧為盈，營收利潤等各種指標大幅翻轉，成為全球知名案例，這一切靠得就是去中心化的阿米巴經營。

阿米巴（Amoeba，變形蟲）經營，為稻盛和夫在創辦京瓷公司期間，所發展出來的經營哲學與做法，至今已超過五十年歷史，其經營特色是：把大組織畫分為十人以下的小組織。在阿米巴經營模式下，讓企業像變形蟲的細胞分裂一樣，將整個企業劃分為一個個被稱作「阿米巴」的小部門，這些小「阿米巴」能靈活應對市場變化、決策反應快速、生命力強、且富有團隊犧牲精神。

每個人都以經營者心態工作，沒有所謂的中心思想，
因為你就是經營者，你就是中心，不斷自我調整，隨外界環境的變化而變化。

稻盛和夫指出，採用「阿米巴經營」最大的優勢，是讓每個成員都對企業經營抱一股使命感，變得非常主動積極。領導者的工作不是強制讓員工去執行政策，而是調動員工的主動意願，讓員工主動去做。

每一個阿米巴都遵循著「利益最大化、成本最小化」的企業經營管理原則，每個部門的組長與自己團隊中的成員，共同討論自己這個阿米巴的目標，並以

完成此目標為最終目的；每位成員分別以自己的立場，朝著各自部門的目標努力，將個人能力發揮到最大，在過程中體驗到自我成長，也感受到與夥伴們共同達成目標的喜悅。阿米巴主要的特徵有五點⋯⋯

◎ **全體員工共同參與經營。**

◎ **用利潤中心制核算衡量貢獻度，強化目標意識。**

◎ **實現可以分析到小部門的經營。**

◎ **促進經營者和員工的溝通交流。**

◎ **培養實務者。**

這五點主要特徵，是執行阿米巴經營中，努力想要實現的結果。只要你進行真正的阿米巴經營，肯定能為企業帶來三點變化⋯⋯

◎ **培養管理者 · 經營者與領導者。**

◎ **促進組織活性化，讓你的員工更有活力，讓你的組織更有活力。**

◎ **使員工理解和踐行經營者的方針政策。**

阿米巴經營是一個「由大變小」的過程，透過賦權管理模式，實現全員共同參與經營。一般企業在擴張規模後，內部的管理或效率會大大降低，這是因為精力大多耗費在部門之間的協調上。但只要阿米巴經營把大企業組織分割成若干個小組織，就像回歸到企業的初創期——「小組織大能量」的狀態，這樣就更能發揮組織裡每個人的能動性，包括思考問題的能力，自然也不用擔心內捲。

阿米巴能以最小的成本,實現收益最大化,所謂經營「人」是最終目標,經營「事」只是手段,其實最終「經營」才是核心!

- ◎ 如何創造高利潤?
- ◎ 如何培養具經營意識人才?
- ◎ 如何做到銷售最大化、費用最小化?
- ◎ 如何完善企業的激勵機制、分紅機制?
- ◎ 如何體現思想、方法、行動?

① 核心價值之以人為本

阿米巴的基礎在於信任,相信員工的能力,把經營建立在互相信任的基礎上,這是實現阿米巴經營的最基本條件,培養大量「經營」人才。員工不是機器,不是單純用來利用的工具,而是阿米巴經營共同體中的一員。在這樣的經營氛圍中,員工必定會倍感尊重,而將自己畢生的智慧與心血投入到自己的事業中去,當每個員工都為自己努力,那這間企業便是反內捲的企業。

因此,「賦權管理模式」來得相對重要,在阿米巴模式中,充分授權的最終目的在於培養阿米巴領導人,激發每個員工的創業熱情,挖掘員工的企業家精神,讓他們得以盡情發揮自己的聰明才智。

② 核心價值之以理為先

「天下之大理為大」這樣的道理,在阿米巴模式中也能看的到,將「做人何謂正確」作為判斷一切事物的基準。

工作中所遇到的問題,為什麼解決起來困難?其實是因為沒有回歸問題的根源,考慮的全是問題之外的因素,導致問題變得複雜、困難,甚至根本沒搞懂問題到底是什麼,但若從基本邏輯出發去判斷,將事情退回至最原始的狀態來看,往往就能發現問題的癥結。

若只埋頭自己的本職工作，就會失去全域觀，因此，不斷埋頭苦幹的時候，偶爾也要抬起頭看看大家，爬到高處去看看全景，更清楚自己的位置和角色。

③ 核心價值之大家庭主義

絕大部份的經營者會認為，企業資訊外漏會對公司不利，因而不能公開透明，但阿米巴講求的便是「高度透明，全員參與」。

一輛車子，如果作為公務車使用的話，無論是保養還是油錢，都會居高不下，但如果是員工自己的車子，肯定會十分愛惜，這樣的差別在於，員工是否有將組織視為自己的「家」看待。在大家庭主義下，企業與員工本身就是一體的，尊重員工就是尊重自己。

每個阿米巴都像一個家庭，而企業就是一個更大的家庭，在這樣的家庭背景下，誰人會不奮勇向前而努力工作呢？

④ 核心價值之熱情與夢想

在阿米巴模式中，談到最多的就是「熱情」，這往往來自於「尊重、放權、獨立思考」，只有當員工將阿米巴當作自己的事業全身心投入的時候，才能迸發出無窮的熱情，並奮力去實現自己的夢想。

真正想去做一件事情時，產生的力量才是無窮的。所以，要把工作交給真正有興趣的人去做，要想成就一番事業，只有胸懷激情的人去努力才能取得成功。因此，阿米巴的核心價值之一便是喚起每位員工心中的創業熱情與企業家

精神。

　　阿米巴模式是劃小經營單位，讓各阿米巴組織自行進行單位時間附加價值核算，各阿米巴具有定價權、生產決策權和人事任免權。從某種意義上說，阿米巴就是一個個「自行」經營的「小企業」。從總體架構上看，阿米巴就是「去傳統企業組織架構的中心化」而成為更多、更小的組織，這種小組織更靈活，更適應變化的經營環境。

　　在阿米巴模式下，人人都有絕對的經營權，不用等待上司指示，每個人都能自主、迅速的做出判斷。阿米巴旨在讓創業者最大限度地釋放員工的創造力，把大公司的規模和小公司的好處統攬於一身，達到成本最小化、銷售最大化、長期獲利的目標，如此一來你只需要跟自己比較，不用再害怕輸給其他人，為了競爭而致使職場內捲化。

反脆弱才能與時俱進求生存

「為什麼現在餐飲業閉店潮這麼高？」筆者經常聽到有人問這個問題，也看過很多餐飲人給出的答案，大多歸咎於疫情、內捲、同質化……等等，其實這些答案如果再往上歸納，那便是——餐飲業的商業環境改變了。

納西姆·塔雷伯（Nassim Taleb）在其暢銷書《反脆弱》中所言：「風會熄滅蠟燭，卻能使火越燒越旺。對隨機性，不確定性和渾沌也是一樣：你要利用它們，而不是躲避它們。你要成為火，渴望得到風的吹拂。」

 ## 把穩定建立在不穩定之上

近年內捲化現象越發嚴重，也使得反脆弱一詞在職場上時常被提及，而要討論反脆弱，就要從《隨機騙局》一書談起，其核心論點是世界上所有的事情，小至巴士幾點到站，大至日本下一場大地震的震度，乃至於下一個世界金融危機的起源，都是「隨機／亂數」（Random），儘管人們常常誤以為它們是可預測的。

這類關於隨機亂數理論的書籍其實相當多，美國前總統柯林頓在任期間的財政部長羅伯特·魯賓於2003年出版的半自傳作品《不確定的世界》便是其一。華爾街出身的魯賓在書中以淡泊的口吻，述說自己如何從小開始就對事情的不確定性感到好奇，並對周遭的人誤解自己關於隨機事件的掌握度感到不以為然，然後描述他在華爾街的職業生涯，到在白宮和葛林斯潘及桑默斯一起處理長期資本管理公司可能帶來的金融危機……等。

有趣的是，同樣是在隨機亂數的金融世界中建立自己的職業生涯和累積財富，同樣用關於隨機亂數的寫作，《隨機騙局》作者納西姆·尼可拉斯·塔雷伯

（Nassim Nicholas Taleb）對魯賓的評價卻非常負面，主要差別在於兩人對於應付隨機亂數世界的理念不同：魯賓認為可以透過某種機制去「化解」隨機亂數，讓人們的生活更少災難，更平穩幸福。

但塔雷伯認為不應試圖去控制這世界上的隨機亂數，因為這只會帶來更大的災難，相反地，應該讓人們承受這些隨機亂數所帶來的危險，就像肌肉在每一次的重量訓練中會撕裂受傷，但再生長出來的肌肉會更強壯一樣，日常生活中不斷經歷施壓和磨練的人們也會成為更堅強的生物。

2001 年《隨機騙局》讓塔雷伯聲名鵲起，2007 年又出版的《黑天鵝》則讓他舉世聞名，因為隨之而來的 2008 年全球金融危機好似在呼應他的觀點般，「黑天鵝」也成為熱門關鍵字搜尋，但如果以塔雷伯自己的標準來看，金融危機「恰巧」在他出版《黑天鵝》一書後爆發，正好證明了世事的隨機亂數性質，但塔雷伯其實根本沒想過要「預測」金融危機，因為金融危機就像黑天鵝的存在般，是不可被預測的。

據說發現黑天鵝前，歐洲人一直認為天鵝是白色的，隨著第一隻黑天鵝出現，歐洲人所認知的白天鵝理論被徹底推翻。所謂黑天鵝事件，指的是重大稀有事件，它雖然不可預測，卻一定會發生，好似墨菲定律。

人們總是過度相信經驗，但只要黑天鵝事件出現一次，就足以顛覆一切。比如當初稱霸一方的 Nokia，一直堅信手機就要像電腦一樣帶有鍵盤，永遠想不到有一天竟被智慧型手機擊敗；又比如 Uber 的異軍突起，也顛覆了傳統計程車業。

塔雷伯把自己對於人類對抗隨機亂數的環境，從而被無情淘汰或者變得更加強壯的過程，歸納在 2012 年出版的《反脆弱》中。書開頭就解釋為什麼會創造「反脆弱」這個字，因為他一直在思考：面對隨機亂數的世界給予的外力干擾時，有些人受不了而崩潰，有些人挺過來而繼續生活，有些人卻因此進化，

變得更強壯,創造出更多價值來。

　　面對壓力而崩潰的人顯然是「脆弱」的,但如果你問別人脆弱的反義詞是什麼,得到的答案通常是各種不同情勢的「堅強」,可是這只能用來解釋那些挺過困難而繼續正常生活的人,與其說是「脆弱」的反義詞,「堅強」更像是「缺乏脆弱」,並無法解釋承受壓力卻因而進化的人,所以他突然想通了,覺得必須創造一個新名詞──「反脆弱」。

　　這也是他想探討的重點,如果僅是能夠承受隨機亂數的世界所施加的壓力,那只不過是「堅強」,如果能夠因為這些壓力和危機,而提升自己的能力和反向擴展事業或者增強活動力,才是真正與脆弱相反的「反脆弱」。

　　「反脆弱」聽來模糊、抽象,筆者提出三種生活中都會遇到的職業來助各位理解。

* **一般職員:**他們是「脆弱」的,在企業工作似乎可以享有固定薪水,他們因此產生錯覺,以為穩定的收入是必然的,當企業計畫裁員時,才意外認知到自己的收入可能在某一天突然歸零,承受不了這樣的衝擊,跟同事之間的競爭也顯得不再重要。

* **專業人士:**例如牙醫和律師,雖然收入不固定,但他們的專業能讓他們享有較高的收入,所以他們是「堅強」的,能夠承受一定程度的黑天鵝事件,儘管這些事件並不會改變他們的職業生涯,因而也不太需要跟人競爭,不大容易內捲。

* **靠自己的技能維生:**例如計程車司機、工人。他們的收入非常不穩定,有些日子會突然有大筆收入,運氣不好的日子可能會掛零,但他們正是「反脆弱」的一群。因為他們每天面對的生活是未知的,長期下來他們演化出對抗隨機亂數的生存技能,不管是不斷精進自己的開車技術、手藝,甚至路線,或者

轉戰別的山頭。他們在不穩定的環境下會變得非常敏感,因此在黑天鵝事件來襲時,往往比一般職員更能應變,得以存活下來,自然能夠反內捲。

所以,你也可以說判斷是否成功的關鍵正在於反脆弱性,不管是創業還是捧別人的飯碗,這兩件事本身就是充滿不確定性的,產品開發時程不確定,市場接受度不確定,員工招募不確定,募資更是天大的不確定。因此,要想真正跳脫內捲漩渦,你必須是反脆弱的,不僅不會逃避,反而會主動擁抱隨機亂數所帶來的危險、異動,因為唯有這些不確定性,才有機會顛覆市場。

試想,假如把一只玻璃杯摔在地上,玻璃杯摔碎了,代表玻璃杯是脆弱的,那和玻璃杯相反的是什麼?脆弱的反面是什麼?是堅硬嗎?如果現在把一顆鐵球扔在地上,鐵球沒有摔碎是因為堅硬嗎?那鐵球是否受益呢?答案是沒有,因為鐵球並沒有產生任何變化。

玻璃杯摔了以後變碎,在不確定中受損,那反面是什麼?它的反面是在不確定中受益,而不是在不確定中不變,所謂的反脆弱,是要能在不確定中受益,才能稱為反脆弱。

所以,一個人到底能不能賺錢?不在於你讀過多少書,更不在於獲得什麼學位,在於你是否具有反脆弱的能力,你書讀越多,越可能妨礙你賺錢。曾經有個蘇聯哈佛體系,認為一切東西皆可算,把一些東西算得特別精確,只要按照 KPI 的指標推動下去,這個體系所推動的計畫就一定成功,但往往人算不如天算,這個體系最終卻失敗了!這就好比職場的內捲化現象,不斷追求 KPI 績效表現,殊不知企業整體是越發退步的。

《反脆弱》有一個重要的原理:系統的穩定性建立在子系統的不穩定性上。所謂:「舜發於畎畝之中,傅說舉於版築之間,膠鬲舉於魚鹽之中,管夷吾舉

於士，孫叔敖舉於海，百里奚舉於市。故天將降大任於是人也，必先苦其心志，勞其筋骨，餓其體膚，空乏其身，行拂亂其所為，所以動心忍性，曾益其所不能。人恆過，然後能改；困於心，衡於慮，而後作；徵於色，發於聲，而後喻。入則無法家拂士，出則無敵國外患者，國恆亡。」是也！如果想讓自己、讓公司更好，非常重要的一點，你能否將自身、員工的潛能釋放出來？你是每天死氣沉沉，只曉得埋頭苦幹，熬過一周又一周，還是每天迫不及待，思考今天能再創造些什麼價值？

人最痛苦的事莫過於把工作當做謀生的工具，你連那一份享受都沒有，所以會變得十分脆弱，因為薪水沒有漲，沒有發獎金，就看不到工作的意義。但當你看到這份工作可以謀生，又看到可以為社會帶來意義的時候，你就增強了自身的反脆弱性，同時也就增加了反內捲性。

一般人若想反內捲，大多會選擇創業，但創業後你所面臨的考驗、競爭更大，從創業的過程可以看出：從想法萌生，到最終創意成型，有很多大坑無法避免。所以，創業失敗率可能不止 98%，因為還有很多不了了之的項目沒有統計在內。

由此，避開創業長途跋涉中的各種荊棘、險阻錯誤，直接連結供需雙方，由需求水準反向指導供給。也就是說，消費者要什麼服務、產品，生產者只需要專注於品質控制，不需要考慮資金、管理與售後服務，將企業與消費者形成統一戰線，各取所需、價值對等，使投資與消費二者合一。

因此，反脆弱的本質是在不確定環境中受益，打破內捲的關鍵則在於能力變數，在能力不同的視角、範圍、市場中，發現並解決問題，持續跨越價值假設與增長假設。企業在成長過程中，驅動我們成為終身成長的人，利用好反脆弱和其他工具，不斷提升領導力，找到社會問題，找到自己的秘密，並不斷反覆運算和進化這個秘密，自在享受，不為競爭而內捲。

試問自己，當黑天鵝事件來臨，你有能力抵抗嗎？要想反內捲，你還必須掌握一項能力就是「風險管控」，即你能接受的在你承受範圍內的最壞結果是

什麼，並在這個系統中找到真實的制約因素。

因此，千萬不要先考慮自己擅長做什麼，有哪些便利條件和資源，而是要先為自己設計一套反脆弱的商業模式。李嘉誠想必大家眾所周知，從創辦長江塑膠廠推出塑膠花熱銷，他曾經連續十五年蟬聯華人首富。

很多人都說他善於冒險，其實錯了，李嘉誠曾說：「我這一輩子創業，沒有冒過一點兒風險。一開始做塑膠花，我在別人工廠工作過，這種花怎麼生產、怎麼賣、能賺多少錢，我清清楚楚，所以我聘請的生產和銷售人員都比以往工廠裡的還要好，怎麼可能不賺錢？」

一個具備反脆弱能力的項目，最重要的設計特徵是成本有底線，但收益卻沒有上限，也就是即使你一直虧本，最多到達成本的底線，不會無休止地虧損下去；賺錢時又可以不停地賺下去，不會出現明顯的「天花板」！所謂「選擇」才是最好的禮物！

設計反脆弱的商業結構，目的就是將失敗的成本控制在最低，讓收益不斷地放大，這樣抗風險的能力就會極大地增強，有充分轉圜餘地，可以自由選擇下一步的發展方向。

脆弱和反脆弱的最大區別，就在於你有沒有可選性，只要有選擇的餘地，就具備反脆弱的能力，其成功祕訣為「槓鈴式配置」。

「槓鈴式配置」指要學會做多重準備，合理分配自己的時間、精力和資源，在槓鈴兩頭都有儲備，不是只有一條路能走。子曰：「邦有道，則仕（當官）；邦無道，則可捲而懷之（教書）。」便是這個道理。

馬克・祖克柏（Mark Zuckerberg）曾說：「最大的風險就是永不冒險。世界變化如此快速，唯一註定會讓我們失敗的，就是不冒任何風險。」

尤其是在當今這個變化快速的時代，黑天鵝總是來得比以往更迅速、更巨大，我們必須勇於面對風險，讓自己在混亂的環境中具備反脆弱性，持續在波

動中成長。

要想踏出內捲漩渦，你要考慮的不僅是自己擅長做什麼，有哪些便利條件和資源，還要先為自己設計一套反脆弱結構的商業模式，所謂：「勝兵先勝而後求戰，敗兵先戰而後求勝」，套用在創業上同樣適用，共勉之。

擺脫慣性陷阱，跳出思維困境

有些人通常會因為過於執著，致使思維內化，所以不斷向內捲進去。在講解具體破解之法前，你必須先明白內部思維究竟是如何產生的，因為只有了解問題的根源，才有徹底根除的可能。

在筆者看來，人們之所以思維內化，其中的主因便是「執著」。道理很簡單，人的注意力是有限的，當過度執著於某件事情，將所有的注意力都集中在這件事情上時，自然會忽略很多外部因素的影響，這也是為什麼會內捲的原因，因為害怕輸給其他人，一心想著要贏，卻不斷讓自己捲進去。

就好比市場上很多公司在設計產品和行銷方案的時候，都是從主觀出發去揣測消費者的喜好和需求。但企業的想法並不能代表廣大消費者的意願，且就心理層面來說，產品一般會被企業視為自己的「孩子」，因而變得盲目，常常只看到產品的優點，忽略它可能存有其他需要被改善的問題。

舉例，發明隨身聽前，人們想要聽音樂只能購買磁帶，透過答錄機播放。答錄機的體積較大，不方便攜帶，這一點大大限制了人們享受音樂的自由。因此，當既能播放歌曲又能隨身攜帶的隨身聽出現時，雖然價格昂貴，卻仍然能

得到消費者的青睞。伴隨著這個產品風靡全球的還有一個品牌，那就是 SONY。

雖然從時間線來看，隨身聽開始流行是在二十世紀九〇年代，但早在 1980 年 Philips 公司和 SONY 公司就已經聯合開發出更優質的音效檔存儲介質，也就是 CD 光碟。相對於磁帶來說，CD 能儲存的音檔較多，更耐用外，音質也更好。

雖然 CD 的優點非常突出，但 SONY 早期推出的 CD 隨身聽並沒有得到市場的認可，為什麼呢？這是因為在設計產品時，SONY 雖然意識到隨身聽產品小型化、輕薄化的未來趨勢，也考慮到 CD 這種全新儲存介質的優勢，但忽略了從外部消費者的角度去思考問題。要知道，磁帶和 CD 的價格是完全不同的，雖然 CD 隨身聽有很多優點，但光價格這一點，就足以勸退當時絕大多數的消費者。

不可否認，CD 是比磁帶更優質的儲存介質，但從產品設計的角度來說，SONY 過份執著於技術優勢，忽略了消費者的真實需求，陷入內部思維的陷阱當中。

執著本身並不是一件壞事，尤其是當我們做出某種正確但不被公眾認可的選擇時，內心的執著尤如一劑強心針，促使我們將這種正確的事情堅持做下去。

作為企業的經營者，可以執著，前提是執著的事情必須是正確的。如果過份固執，對某些內容極度看重，可能會失去對事物進行整體判斷的能力。如果在一些錯誤的事情上堅持己見，那對於企業或者個人的發展而言，非但沒有積極的促進作用，反而會產生不利的影響，讓企業或個人在內捲漩渦中越陷越深，無法脫身。

1999 年，微軟公司憑藉 Windows 作業系統取得六千多億美元的巔峰市值。但在之後十多年，堅持單一業務經營模式的微軟始終未能有所突破。儘管史蒂芬・巴爾默（Steve Ballmer）接下執行長的職位後推出一些新業務，但這些革

新仍舊沒有改變微軟人的執念，依然是圍繞著 Windows 作業系統設計。直到 2014 年，薩蒂亞‧納德拉（Satya Nadella）接替巴爾默成為新任微軟執行長，才真正扭轉微軟市值不斷下降的頹勢，讓微軟重回巔峰。

同是業務變革，為什麼巴爾默以失敗收場，納德拉卻能取得成功呢？這是因為納德拉上任後的第一件事就是打破微軟內部員工對 Windows 作業系統的依賴，透過調整微軟企業文化，成功打破先前被禁錮的思維。

Windows 系統的執念被打破之後，納德拉將很多和 Windows 作業系統無關的新業務提上日程，包括幫助微軟重回巔峰的雲計算技術。納德拉上任後，Windows 作業系統業務的盈利情況並沒有得到太大的改善，但他藉由其他新業務的蓬勃發展，讓微軟重返榮耀，2017 年公司就已經回歸當年巔峰時期的六千億美元市值。

在現今的市場中，像微軟一樣的公司很多，但成功經由變革力挽狂瀾的企業卻少之又少。在過去成功經驗的影響下，經營者會形成某種固定的思維模式，即便外部環境、市場趨勢發生了變化，也很難改變他們的想法。在這種執念影響下，原先光明的道路漸漸越走越黯淡，在「內捲」的困局中越陷越深。

人們一般都傾向留在自己的舒適圈內，用自己的思維去做自己習慣的事情。然而太過依賴舒適圈會讓人產生惰性，並帶來一種非理性的安全感，缺乏危機感。當你知悉接下來將會發生的事情時，你便會感到自在。你的日常習慣、工作流程等都是你熟悉而且能夠掌握的，但無法替自己帶來任何的進步。

另外，大腦的運行機制會希望在任何活動上，消耗最少的能量。雖然大腦很小，但它消耗的能量大約是每天日常能量的 20～25%。在整體消耗能量不變的情況下，做的事所需的時間越少，消耗的精力和能量就越少，因此，你會慣性地選擇做自己熟悉的事情。

人的一大天性就是「習慣」做「習慣了的事」，好比買固定口味的飲料、走同樣的路、做習慣的工作，因為這種「一成不變」會給大腦帶來一種「安全感」的錯覺，但也會讓你陷入「慣性思維」的陷阱之中，身處內捲也會沒有察覺，因為你從踏入職場那刻可能就已經跟著捲了。

慣性思維是指人們在考慮研究問題時，用固定的模式或思路來進行思考和分析，從而解決問題的傾向。固有的東西是很難打破的，這也經過多次歷史證明，每次的改朝換代，無一不是用血的代價換來的，但所謂不破不立，要想突破自己，就勢必得打破固有、慣性的思維。

你總是這麼走，所以你總是這麼想！

怎樣才可以突破慣性思維，不再原地打轉呢？人腦運作其實就跟電腦程式運算類似，同一個程式總會跑出同一個結果，所以你要做的就是不斷更新大腦的運作程式，讓大腦不斷輸出新的思維，如此一來才能反內捲。

筆者提出幾點擺脫慣性思維的辦法來討論。首先，藉生活習慣翻新思維，擺脫慣性思維最簡單又巧妙的辦法便是從生活習慣著手。舉例來說，當初台灣疫情嚴峻，發布三級警戒期間限制內用，至今已開放正常在外用餐，但現在仍會直接性地「點外賣」，這時你可以試著嘗試不同的店家。

又或者揹側邊包的時候，試著揹在另一邊的肩膀上，或是下班從另一條路回家、勇於嘗試新的科技產品、體驗新事物等。一定不要小看這些打破常規的小事，因為它們和事業中打破慣性思維，在大腦神經裡的作用是完全相通的，若你能在生活中打破慣

性、激活大腦，那你在為人處世和事業上自然就更容易打破慣性，跳出瓶頸。

再者，開放式大腦可以推翻自我！養成一個開放式的大腦，敢於推翻自我。舉例來說，上世紀的相機界龍頭柯達敗給數位相機，但你知道嗎？第一個研發出數位相機的公司其實就是柯達，但柯達過於保守，依賴過去的成功路徑，不敢轉型，反被自己研發的數位相機所打敗。這就好似 Nokia 被智慧型手機取代。

人往往成功一次後就會過份依賴之前的成功路徑，一旦外界有變化就會下意識麻痺自己，不願意承認自己那個曾經「對」的道路現在已經「不對」了。探討路徑現在對不對不重要，讓將來對才重要。久了你會明白，你不轉變，世界照樣在轉動，且世局與科技的變化已然越來越快了！

因此，你一定要時時保持一顆開放的大腦，把外界一切變化都當成是自己翻新、調整、轉型的機會，而不是本能的抗拒，這樣才能在不斷革新的大環境下始終跑在第一線。

最後，要想反內捲，你要訓練自己跳脫框架，鞭策自己「跨界創新」和「跳脫框架」解決問題。例如每到購物節，各個電商平台就會瘋狂大打價格戰，看到競爭對手降價，下意識會覺得自己也要降價，最終沒人賺到錢，這就是所謂的同質化競爭、專打價格戰的紅海廝殺。

但如果你能跳脫慣性思維，在消費者愛撿便宜的心態換個角度想，從每個人都愛收到禮物的心理切入，贈送每位消費的顧客一份貼心小贈品，讓消費者為這份驚喜買單，你就能從同質化競爭的商家中脫穎而出。

另外，你也要讓自己具備跨界創新的思維，一般都只會關注自己的專業或領域之中，社交圈也因而較為固定，但這種固定的模式會讓人停止思考，陷入窄化的資訊地獄，所以一定要讓自己跳脫出來才行。

　　像筆者就經常參加跨領域的社交活動，讓自己接觸其他產業的新知，過程中所獲得的新視角可能會使自己迸發出新的靈感，如此一來就能加以運用到自己的本業上面。且如果想提高自身的創新能力，也必須從打破慣性思維開始，你可以試著從以下幾點著手。

- ◎ 養成主動發想的習慣。
- ◎ 培養從多角度觀察和評價事物的習慣。
- ◎ 克服從眾心理。
- ◎ 將乍現的念想堅持下去。
- ◎ 將想法付諸於行動。

　　每年筆者都會舉辦一至二次的論劍活動，協同弟子們前往戶外踏青，除能釋放在都市生活繃緊的神經，每位弟子也能藉出遊時間彼此交流學習，每個人都有或多或少的成長。人生就好比在解數學題，絕不可能只有一種解法，你可以從各種不同的角度來看這道題目，想出無限多種解法。

　　因此，唯有跳出「慣性思維」，你才能挖掘到習慣外的無窮潛力，跳脫內捲漩渦之中，甚至是賺到以往不曾賺過的財富，讓人生有更多可能性。有句話便是這麼說的：「一個人永遠賺不到他認知能力以外的錢。」

① 舊有方法會阻礙前進

　　當你已養成一套自己的習慣時，思想往往會變得狹隘，失去創新性，使你無法達成目標。

② 嘗試更有效的工具和方法

一般人都會有套慣用的工具和模式，或許你習慣過往的模式，但職場上總會出現新方法和工具，千萬不要反抗、嘗試接受那些可能提高工作效率的方法。

③ 工作內容型態變化或換工作

當你身處的環境出現變化，你不可能再以同一個方式去做事，因此你必須改變想法，以一個新方式去處理已改變的情況。改變習慣、建立新的習慣雖然不容易，但新的思維、習慣、工作方法能使你朝目標更進一步，讓你跳脫內捲競爭，並有所成長。

所謂思維決定出路，格局決定結局，創新思維是不受常規思路的約束，尋求對問題全新的、獨特性解答和方法的思維過程，是發揮創造力的基本前提，要摒棄從眾心理，不鑽牛角尖，善於採取多向思維方法，學會創造性、建設性的思考。

而內捲是盲目的競爭，是無謂的內耗，它把人的思維囚禁在慣性的牢籠中。慣性思維的破解利器還有——發散思維，發散思維有以下多種思維方式。

① 逆向思維

顧名思義，就是從事物的相反方向進行思考。比如早年的破冰船都從上往下壓，需要加厚船體，造成掉頭困難、側面薄弱等弊病，後來科學家逆向思考，從水下向上破冰，有效解決了原先的諸多問題。

② 立體思維

即跳出平面限制，進行立體式思考。先前有名心理學家曾出過這樣一個測驗題，在一塊土地上種植四棵樹木，每兩棵樹木的距離都相等。受試者在紙上畫了一個又一個的幾何圖形，正方形、菱形……等，但無論是哪種四邊形都無法成立，著實燒腦。這時心理學家公布解答，表示樹可以種在山頂上，這樣其他三棵樹與之構成正四面體的話，就能符合題意了。

其他立體式思考比如立體農業，充分利用農作物向上的立體空間，實行多品種種植；立體綠化，增加綠化面積、減少佔地改善環境、淨化空氣；立體漁業，充分利用水體不同層面適合各類的魚種，開展網箱式漁業。

③ 側向思維

從問題很遠的事物中受到啟示，然後從其他領域側面尋求解決問題的思維方式。古代圍魏救趙就是一個典型案例，戰國時魏國圍攻趙國都城邯鄲，趙國危急求救於齊國。但齊國卻出人意料地沒有派兵前去邯鄲增援，而是想到魏國出兵，都城內的兵力勢必空虛，因而選擇進攻魏國，迫使魏國撤回圍攻趙國的軍馬，齊軍於途中大敗魏軍，解救了趙國。

另外還有縱向思維（直上直下尋找答案）；橫向思維（橫向尋找答案）；多方思維（多角度思考）；組合思維（多種方式組合）……等等，其實要想改變思維真的不會很難，筆者這邊就不一一列舉，因為主要還是看個人願不願意嘗試換個角度思考。

有人說，內捲的本質是博弈，是機制層面的問題，因而無法在職場掙脫內捲，也無法用管控的辦法徹底解決管理問題，但筆者認為這樣的說法不太對，以職場來說，與其困於內捲不能自拔，可以試著上溯到機制層面，採取當下適

用的一套自下而上的系統數位化管理，將大多數問題在萌發前就先解決，透過激發員工的內驅力，打造成不斷自我進化的組織。

突破慣性思維，要有開闊的眼界，要有全面的頭腦，還要有科學的分析，再做出全新而準確的判斷。慣性思維就好比一把雙面刃，它可以為你帶來高效和成績，但同時也可能帶來災難和誤判。

現在常說的「預判你的預判」，其實就是在生活中多為自己做一些心理預設和反其道而行的辦法，不要遇到一點不同，就不知如何應對、倍受打擊，事先分析人性的特點，如此一來就能突破慣性思維的侷限。每個人都有自己的性格特點和成長軌跡，所謂不同，就是後天的經歷不同罷了，我們要做的就是經營好自己的每一步，給自己的人生做一個稱心如意的「履歷」，而非害怕其他人可能贏過你，所以你也一股腦地捲進去。

 ## 無限賽局，突破勝負盲點

內捲和躺平文化近來成為熱議詞彙。內捲化相對演化來說，是因資源稀缺或重複作業，造成社會停滯，從個人角度討論，即指過度勞動卻沒有獲得相對應的報酬。

亞洲地區職場文化施行 996 已久（早上九點上班，晚上九點下班，一周工作六天），強調競爭、狼性，勤能補拙、努力才能顛覆先前的地位，但當市場飽和，持續性的高強度工作只會消磨掉精神和健康，年輕族群因而倒向退出市場的躺平文化，拒絕加班、不負責職責外的工作，認定「唯有躺平才是萬物的尺度」，使社會形成惡性循環，害怕競爭而退出，變得沒有絲毫競爭力。

先前中國頒布「三孩政策」，以因應高齡化及少子化，在當時也引發輿論激憤，因為大眾認為不生育

的原因不在於政策阻擋，而是受限於工作、經濟壓力，女性在職場上也會因為生育必須請產假及育嬰假，而遭到歧視且升遷困難，所以缺乏鼓勵誘因和福利保障，才是真正的阻礙。

日本更早在 2010 年便出現繭居族、蟄居等新興詞彙，泛指那些不工作、不與他人互動，長期居住在家的人。近一、兩年調查發現，中高齡繭居族逾六十萬人，相當於該年齡層的 1.45% 人口，且這年齡區間者曾經歷過泡沫經濟後就業冰河期，他們要想二次就業及重拾工作信心，著實是場考驗，且大多已是力不從心。

但筆者試問，若職場是一場零和遊戲（一場遊戲中所有參與者的獲利和損失加總起來等於零，有人獲益，就代表有人失去利益），你還有勇氣躺平嗎？商學教授大衛・麥克亞當斯（David McAdams）撰寫的《賽局意識》中，解釋了賽局理論和六種改變遊戲規則的方法。

一般零和遊戲最常見的例子無非是囚徒理論，警方調查刑事案件，為讓甲、乙兩名嫌犯認罪，祭出誘因，若甲乙皆認罪，各判十年有期徒刑，若僅一方認罪，認罪方釋放，未認罪方判處二十年有期徒刑，如雙方皆不認罪，各判五年有期徒刑。在不知對方是否會認罪的情況下同時做出選擇，甲、乙皆會因選擇認罪對自己相對較有利而認罪。

		罪犯 A	
		保持沉默	承認犯罪
罪犯 B	保持沉默	5年 / 5年	釋放 / 20年
	承認犯罪	20年 / 釋放	10年 / 10年

如果說童話故事可以拿來隱喻管理理論，那麼《愛麗絲夢遊仙境》（Alice in Wonderland）是不二首選。作者路易士·卡羅（Lewis Carroll）巧妙的比喻，為企業領導人提供許多寶貴智慧。想想紅皇后的名言：「在我的領地中，你要一直拚命跑，才能保持在同一個位置；如果你想前進，就必須跑得比現在快兩倍才行。」這個令人無奈又沮喪的商業競爭事實，被哈佛學者史都華·卡夫曼（Stuart Kauffman）引用，成為知名的「紅皇后效應」。

紅皇后效應預言：商業競爭將引發一連串組織學習與自然淘汰，不斷使競爭加劇；在這場演化的軍事競賽中，一如自然界的掠食者與被掠食者，商業世界的競爭者與防禦者，兩邊的速度與力量雖然都與日俱增，但雙方的相對地位並沒有任何改變。

九○年代眾多研究指出，紅皇后效應不只是個寓言故事，它的確存於現實世界，且深深牽動當代企業的興衰。紅皇后效應加速了組織的成長，因為人人被迫跑得更快、變得更強，對競爭者形成了莫大壓力；當紅皇后效應發揮得淋漓盡致時，市場的進入障礙將被高高築起，產業快速趨於飽和，最終降低了個別公司的成長速度，以及產業整體的新陳代謝率，也就是現在所謂的內捲現象，互相競爭後的效益卻沒有明顯增加。

紅皇后效應至少包含以下兩層意思，一是要努力奔跑，才能保持原地或者不至於落後；二是要全力奔跑，才能突破現狀，超越他人。紅皇后效應的存在，告誡那些奮鬥中有追求的人們，要想變得足夠優秀而不被淘汰，那就一步也不能停，唯有奮起直追，朝著奮鬥目標狂奔。

2001 年，Apple 推出第一代 iPod，在 MP3 播放器的市場上獲得廣大的迴響，後續又接連推出許多產品，倍受消費者的喜愛。2006 年，微軟也推出 Zune，無論是使用介面或各項性能都不亞於 iPod，甚至有 iPod 殺手之稱，外

界皆傳微軟搶下 MP3 播放器市場就差最後一哩路。

一天，管理學大師賽門・西奈克（Simon Sinek）向一位 Apple 高層提到 Zune 似乎不輸 Apple 的 iPod，那位高層卻只是冷靜地回他：「應該吧，確實有可能比 iPod 好用。」賽門・西奈克就思考，為何 Apple 在面臨來勢洶洶的競爭者時，可以如此沉穩地面對？

後來 Apple 推出 iPhone，一口氣取代了 iPod 跟 Zune，換句話說 iPod 並不是被別人打敗，而是被自家產品所超越。

原來 Apple 玩的是無限賽局，當微軟在想著如何打敗 iPod、超越 Apple 時，他們已一心在想如何滿足消費者對電子設備的下一步（代）需求，自然就不會將微軟視為非打敗不可的競爭對手。而微軟就算再怎麼努力發展，終究只是搶下 MP3 播放器的市場而已，但 Apple 卻是推出劃世代的巨作，改變人們的生活模式，你說若各家企業都這麼想，市場還會形成內捲嗎？

賽門・西奈克的概念是取自有限與無限的遊戲，當中提到有限賽局與無限賽局兩者有這些決定性的差異；無限賽局則沒有固定的規則，玩家可以做自己想做的事，設定自己的目標，也因為沒有規則，所以就沒有輸贏，遊戲也沒有終點。

無限賽局只有在玩家不想玩或玩不下去後自行退出才會結束，因此無限賽局的玩家只有一個目標，那就是繼續參與遊戲。無限賽局的概念聽起來很抽象，卻比有限賽局更貼近日常。賽門・西奈克以其專業的立場來研究，因而提出無限賽局適用於企業環境，但其實套用在個人也適用，我們每個人的人生都好比一場無限賽局。

人生這場賽局裡沒有既定的遊戲規則，卻被社會規範出一條制式的道路……

長大後求學→求學完求職→求職完求婚→求婚完求子→
求子完求退休→而退休求後發現身體不如以往，於是開始求死

　　但仔細思考，其實這是約定俗成的習慣，並非人人都要遵守的規則。你不照著做試試看，你會發現其實也沒什麼大不了的，人生的選擇寬廣的很。每個人都可以在這場無限賽局中自由發揮，不需要受限於傳統教育的價值觀。

　　或許有些人會認為傳統教育的價值觀一定有它的用意在，這點筆者不否認，但抱持這種信念，而完全遵循傳統教育的人將會遇到越來越多挑戰，你可能會被框架住而無法順應現今瞬變的新社會。

　　由於這場無限賽局沒有既定的規則，其他玩家的自由度也很高，連帶著整體環境的變化也很大，好比極權時代的遊戲規則很難適用於民主時代；資訊壟斷時代的遊戲規則很難適用於自媒體時代；私有財產時代的遊戲規則很難適用於共享經濟時代。

　　傳統規則已不再適用於新時代，又要怎麼玩「人生」這場無限賽局呢？在內捲化的世界中，競爭成了拼命，每個人都想著用盡最後一絲力氣，去換取以毫釐之差計算的競爭優勢，寧可餓死自己，也要累死對手。在這種環境下，人人都很累，且收效甚微外，還彼此怨懟，呈現出扭曲的病態式價值觀。

　　為人熟知的「有限賽局」中，有既定、已知的玩家、固定的規則，大夥兒

事前都有共識，目的達成後賽局就結束。像球類競賽就是有限賽局，有分數、規則，時限內得分較高的球隊，便可以獲得最後的勝利。

社會資源是有限的，人追求更好的本能也是不變的，這兩者的交互影響下，要脫離有限遊戲、又要生存的簡單對策就是不斷「擴大系統」。這種系統的擴張，配合現今資本主義市場，你會發現生活中裡充斥著冪律分布，也就是常見的 80/20 法則的原型，前 20 ％的人掌握社會 80% 資源，前 4% 的人甚至佔據了 96% 的財富，也就是所謂的馬太效應，好的越好、多的越多，反之少的越少，也不會變好。

而「無限賽局」指的是有些已知、有些未知的玩家，彼此沒有明確或事先同意的規則，也沒有時間限制。玩家在賽局內可以打破慣例、決定自己該如何行動。因為沒有終點線和時限，也就沒有人能贏得任何一場無限賽局，參與者的首要目標便是不停玩下去，讓賽局持續下去。

賽門・西奈克認為許多人誤把人生（或商場、職場、教育、婚姻……等）當成一場有限賽局，處處爭奪「成為第一」，滿心只想「打敗對手」，想要「贏」得一切，致使內捲化現象的發生，但這種有限思維，常常導致人們的信任、合作、創新遭受損害。

以下筆者根據賽門・西奈克提出的五種關鍵無限思維，跟有限思維對比起來，讓你明白如何在各種賽局玩得更久、玩得更好，跳脫無意義的競爭。

① 崇高的信念

無限思維關注的是值得努力貢獻的遠大願景，賽門・西奈克的定義是：「崇高的信念是對一個尚不存在的未來懷抱具體的願景；這個未來令人嚮往到讓人願意犧牲小我，來實現這個願景。」信念不像「目標」一樣可以

被量化或終結，它比個人或企業的存續時間還來得長遠。

反之，以有限思維思考的人僅關注短期利益，追求有時限、能夠量化的目標。以一些企業高階主管為例，他們因為達到設定的目標獲得高額報酬，所以會不斷重複同樣的模式，但只要到了職涯某階段，不再有為事物努力的熱忱後，取而代之的便是像小老鼠在滾輪上不斷奔跑，毫無成就感，也因此陷入內捲漩渦之中，所以，累積有限的勝利，並不會帶來無限的收穫。

② Respect！對競爭者充滿敬意

有限思維的人一心一意只想「打敗對手」，緊盯對方的一舉一動，想要以「贏」過對方的方式，讓對手甘願退出賽局，但就現在的職場環境而言，這辦法顯然是無效的，大家會因為害怕輸，也不斷投入其中，最後彼此在爭什麼也不重要了，只曉得自己不能輸。但無限思維的人會對競爭者抱持著一種「敬畏」心理，懂得觀察對方的優點和長處，學習並且用來改善自己，讓自己朝原本「崇高的信念」更邁進一步。

傳統思維讓我們採取獲勝的態度，讓我們的注意力集中在輸贏的「結果」；無限思維則啟發我們採取改進的態度，讓注意力集中在改進的「過程」。簡單的觀念轉變，就能立即改變我們看待自己的方式，專注於過程並不斷改進，也有助於發現新能力與新動力、讓組織更具韌性。反之，過份專注於擊敗對手，久而久之不僅會疲乏，還會扼殺創新。

③ 有勇氣面對一切壓力

賽門・西奈克舉了許多企業面臨到的「道德十字路口」，例如 FB 聲稱要「讓世界更緊密連結」，但現行模式卻背離該理念，侵犯個人隱私、追蹤用戶習慣，只為讓廣告投放的獲利最大化。

管理者理應要拿出勇氣，抵抗壓力做出正確選擇，賽門・西奈克認為，正直不只是做對的事，正直更是在大眾抗議或醜聞發生前就採取行動。若上位者

明知道公司在做不道德的事，卻等輿論爆發後才採取行動，那這就不叫正直，那是損害控制。有些人會選擇背離最初的信念，最後連勇氣也蕩然無存。

④ 彼此信任的團隊

提升組織績效最佳的方法，就是創造一個資訊可以暢通無阻，不用害怕錯誤的環境，讓所有人可以隨時提供和接受幫助。簡言之，就是一個彼此都感到安全的環境，這是領導者的責任。

有限思維的管理者會這麼想：「怎麼樣才能讓員工拿出最佳表現？」其實這是一個有瑕疵的問題，這不是問如何幫助員工成長，而是想著如何從員工身上榨出更多的成果？因為他們一心只想著「結果」（績效）比較重要，傾向獎勵成功、懲罰失敗，因而形成惡性循環。

但無限思維者會想：「如何創造一個環境，讓員工能自然而然發揮出最佳表現？」試圖營建出具安全感的環境，讓團隊能夠表現脆弱、彼此信任、勇於求救，致力於合作解決團隊遭遇的問題，無限思維者關注「對結果負責的人」與解決問題的「過程」。

⑤ 危機即是轉機

無論是人生、商場或職場，都有可能遇到重大的困難，也就是所謂的危機。有限思維的人會選擇走安全棋，擁護目前還能獲利的產品和策略，對於那些不確定的道路，或是有可能顛覆產業的概念存有疑慮，會認為冒這種險不值得，會為了保護現有的商業模式而選擇不應變，即使可能會傷害到最初的信念。

　　無限思維的人則想著如果不能靈活應變，將大大限制他們推動信念的能力，他們害怕走在錯誤的道路上，把自己或團隊帶向滅亡。對無限思維的人而言，危機是為了更有效地推動內心的信念，顛覆現有的商業模式，讓自己跳脫內捲，朝更好的方向成長。

　　絕大部份的人無法脫離社會的框架和限制，在有限賽局裡，只要你想擺脫996工作模式、擺脫考試制度就無法生存，不像冪律分布前20％、前4%的人，他們握有資源能擴張系統，成功存活下來。好比台灣市場不夠，那就擴張到中國和東南亞，若過一陣子市場又不夠了，那就再擴張到中東，一切都不成問題，但對其他80%或96%的人來說，資源是不斷被佔據，只能不停投入，被捲入漩渦中。

　　因此，要想反內捲就必須以無限思維來思考，但一般人要如何離開有限遊戲呢？這非常困難，你必須付出極大的代價，打破社會現行的規則，破除窠臼。也就是說，只有破解規則、創新思維的人，能脫離有限賽局的內捲化效應，脫離現存的有限賽局。

　　反內捲者不能過於入局，而是要在旁創造新的遊戲規則，賽門‧西奈克也說，每個無限遊戲者都是現行有限遊戲的旁觀者。因此，你要明白，若要讓無限遊戲繼續，規則勢必要有所變化，要懂得創新。

　　這就好比當全世界的手機品牌都在追求「功能機」時，賈伯斯（Steven Jobs）沒有隨著市場入局，反其道而行，新開創出「智慧型手機」，創造一個新的賽局，脫離劇本，成為傳奇。

　　無論是在虛擬的遊戲世界，還是真實的社會，高手在面對焦慮和不確定性時，他們的狀態往往是自信且遊刃有餘，放鬆但不忘記目標，他們理解這一局

即便不如意，但能從中學習到經驗，寫下過關秘笈，下局一定會更好的。

　　夏說英文創始人夏鵬曾接受媒體採訪，暢聊現今的內捲化社會。夏鵬說關於內捲，你要明白自己是被捲還是捲別人，現在中國學生都會想著要進一間好大學，夏鵬是認同的，因為好大學它不僅能開拓視野，但進入一間好大學便意味著提前被捲。在尚未進入重點大學時，你可能在所唸的高中是學霸，都是在捲別人，但現在一群學霸都聚集在北京大學、清華大學，你進去了就可能反變成被捲的那個人，俗話說山有一山高，立場可能瞬間就被對調。

　　夏鵬笑說當初考進南京大學，校內又另外徵選文科實驗班，三千名學生報名，只入選三十人，假如自己沒去考那個班，可能不會被捲得那麼慘，而且還可能去捲別人。所以他只在那個班上了三天，就不再進班聽課了，他告訴自己不能這樣被捲下去，於是他一個人在宿舍裡面練英文演講，他想著要捲就那群人自己去捲吧，他要開闢自己的新戰場，選擇自己捲自己，也因此才能夠獲得世界英文演講比賽的第一。

　　當時的同學向他炫耀數學考一百分，他僅回對方自己是世界冠軍，這是那些人無法企及的成就，自然就不會再被捲了。所以，我們不要跟一群人陷入一個迴圈出不來，而是你要用自己的標準去闖，這樣能夠讓自己的人生有更大的價值，你不需要去找人生意義，因為你就是意義本身。

　　遊戲副本可以重來，人生很長，很多當下覺得掙扎的事，回頭來看只是一丁點的起伏。將「輸贏」放下，對身旁的每一個夥伴友善一些，遇到真的不可控的事，主動去尋找替代方案、把可能只有一半可控的學習掌握好，把可控的事情成為自己的標準化能力，以反轉現況。

　　工業時代下的「僱傭關係」將逐漸消失，你將不再過著 996 的生活模式，還有另一種打開生活的新方式，每個人能根據自己的能力及資源，與不同的自

由人合作，達到身心合一、實現自我價值。人生就是一場「限時賽」，身為這場限時賽裡的跑者，對手沒有別人，永遠只有自己，你要用無限思維去跑，而非讓自己不斷陷入內捲沙河之中。

無限思維以「信念」為導引，讓我們放下自尊和短視，放眼持續和長期的進步；人生的賽道則以「時間」為限制，督促你我把握有限的時間，綻發無限的光芒。當離開賽局時，回顧自己的人生和事業，就可以說：「我沒有白活」。更重要的是，你會看見自己啟發的人在你退場以後依然繼續前行。

因此，在反內捲的道路上，你要找出自己的信念，然後朝著信念前進，在這個過程你要超越的是自己而非競爭對手，你先前視為競爭對手的人要轉而看做導師，從對方身上找到能推動自己信念的長處並學習之。過程中，你可以表現脆弱、承認犯錯，在適應新的道路或方法時也允許失敗，因為這是為了朝信念更接近一些，而不是跟著社會的態勢隨波逐流。

終身學習的你，找到對的信念，你就該去做！如果你的信念中有理想，切莫讓現實內捲了你！如果你因為堅持自己而孤獨，你也只好孤獨了。自反而縮，雖千萬人吾往矣！

槓桿加大成功力，改變人生方程式

真永是真・真讀書會
★開啟你的腦知識★
帶您通透萬本書籍，
活用知識、活出見識。
同時同地舉辦大咖
聚，CP值爆表！

課程資訊

亞洲/世界八大名師
★站在巨人肩上借力★
八大名師就像一
盞明燈，指引您
邁向致富的道路，
顛覆你的未來！

課程資訊

出書出版實務課程
★寫出你的專業人生★
企劃、寫作、出版、行
銷一次搞定，讓您藉書
揚名，建立個人品牌！

課程資訊

微資創業計畫
★啟動多元財富流★
賺錢也賺知識的自動財
富流，輕鬆創業，為自
己創造永續收入！

課程資訊

國際級講師培訓課程
★跨出舞台尋獲掌聲★
就算您是素人，也能站
在群眾面前，自信滿滿
地開口說話！

課程資訊

公眾演說完整課程
★用說話接軌世界★
改變一生的演講力，
讓您一開口就打動人
心、震撼人心、直指
人心、觸動人心！

課程資訊

終極商業眾籌模式
★籌集眾人之力圓夢成真★
把不可能變成可能，藉由各界
贊助支持，籌錢、
籌人、籌智、籌
資源，無所不能
籌！

課程資訊

區塊鏈NFT趨勢課程
★元宇宙盡在手中★
結合區塊鏈賦能與N
種應用，改寫商業規
則，打造新鏈結、新
模式、新價值！

課程資訊

八大名師暨華人百強PK大賽
★站上國際級舞台★
遴選優秀人才站上國際
舞台，擁有舞台發揮和
教學實際收入，成為影
響別人生命的講師。

課程資訊

史上最強 寫書＆出版實務班

全國最強 **4** 階培訓班，
見證人人出書的奇蹟。

素人崛起，從出書開始！
讓您借書揚名，建立個人品牌，
晉升專業人士，
帶來源源不絕的財富。

由出版界傳奇締造者、超級暢銷書作家王晴天及多位知名出版社社長聯合主持，親自傳授您寫書、出書、打造暢銷書佈局人生的不敗秘辛！教您如何企劃一本書、如何撰寫一本書、如何出版一本書、如何行銷一本書。

- 理論知識
- 實戰教學
- 個別指導諮詢
- 保證出書

- **P** 企劃
- **P** 出版
- **W** 寫作
- **M** 行銷

當名片式微，
出書取代名片才是王道！！

《改變人生的首要方法
～出一本書》 ▶▶▶

新絲路視頻5
改變人生的
10個方法
5-1 寫一本書

魔法講盟

公眾演說
A⁺ to A⁺⁺
國際級講師培訓
收人 / 收錢 / 收心 / 收魂

培育弟子與學員們成為國際級講師，
在大、中、小型舞台上公眾演說，
一對多銷講實現理想！

面對瞬時萬變的未來，
您的競爭力在哪裡？
你想展現專業力、擴大影響力，
成為能影響別人生命的講師嗎？
學會以課導客，讓您的影響力、收入翻倍！

我們將透過完整的「公眾演說
班」與「國際級講師TTT班」培訓您，
教您怎麼開口講，更教您如何上台不怯
場，讓您在短時間抓住公眾演說的撇步，好
的演說有公式可以套用，就算你是素人，也能站在
群眾面前自信滿滿地侃侃而談。透過完整的講師訓練系統培養
開課、授課、招生等管理能力，系統化課程與實務演練，把您當
成世界級講師來培訓，讓您完全脫胎換骨成為一名超級演說家，
晉級A咖中的A咖！

為您揭開成為紅牌講師的終極之秘！
不用再羨慕別人多金又受歡迎了！

國際級講師	Speaker
兩岸授課	Teaching
提供舞台	Stage
實戰指導	Coach
演說技巧	Technique

從現在開始，替人生創造更多的斜槓，擁有不一樣的精彩！